SOCIAL MACHINES

THE COMING COLLISION OF
ARTIFICIAL INTELLIGENCE, SOCIAL NETWORKING, AND HUMANITY

社会机器

即将到来的人工智能、社会网络与人类的碰撞

〔美〕 詹姆斯·亨德勒（James Hendler）
爱丽丝 M.穆维西尔（Alice M. Mulvehill） ◎著

王晓　王帅　王佼◎译

机械工业出版社
CHINA MACHINE PRESS

Social Machines: The Coming Collision of Artificial Intelligence, Social Networking and Humanity / By James Hendler / ISBN: 978-1-4842-1157-1

Original English language edition published by Apress Media.

北京市版权局著作权合同登记　图字：01-2017-4108 号。

图书在版编目（CIP）数据

社会机器：即将到来的人工智能、社会网络与人类的碰撞 /（美）詹姆斯·亨德勒（James Hendler），（美）爱丽丝 M·穆维西尔（Alice M. Mulvehill）著；王晓，王帅，王佼译. —北京：机械工业出版社，2017.10

ISBN 978-7-111-58247-2

Ⅰ.①社…　Ⅱ.①詹…　②爱…　③王…　④王…　⑤王…　Ⅲ.①人工智能-研究　Ⅳ.①TP18

中国版本图书馆 CIP 数据核字（2017）第 247764 号

机械工业出版社（北京市百万庄大街 22 号　邮政编码 100037）

策划编辑：坚喜斌　　责任编辑：刘林澍

版式设计：张文贵　　责任校对：赵　蕊

责任印制：常天培

北京联兴盛业印刷股份有限公司印刷

2018 年 1 月第 1 版·第 1 次印刷

170mm×240mm·15.25 印张·3 插页·183 千字

标准书号：ISBN 978-7-111-58247-2

定价：65.00 元

凡购本书，如有缺页、倒页、脱页，由本社发行部调换

电话服务　　网络服务

服务咨询热线：（010）88361066　　机 工 官 网：www.cmpbook.com

读者购书热线：（010）68326294　　机 工 官 博：weibo.com/cmp1952

（010）88379203　　教育服务网：www.cmpedu.com

封面无防伪标均为盗版　　金 书 网：www.golden-book.com

- 吉姆：献给玛乔丽·亨德勒、特里·霍罗威茨和夏隆·霍罗威茨－亨德勒。
- 爱丽丝：献给罗伯特、欧文和雷。
- 一起：献给迈克尔·迪安，我们都很想念的同事与朋友。

推荐序一

回忆在 2012—2013 年我任职 IEEE 系统、人、及控制论学会(IEEE Systems, Man, and Cybernetics Society, IEEE SMC)主席的时候，伦斯勒理工学院(Rensselaer Polytechnic Institute)的詹姆斯·亨德勒（James Hendler）教授协助中国科学院自动化所的王飞跃教授向 IEEE 出版委员会提出了创立新的“社会计算”期刊的构想。他们的计划书是经过 IEEE 计算机学会(IEEE Computer Society)提交的。与此同时，IEEE SMC 学会由达特茅斯学院(Dartmouth College)的乔治·塞班科(George Cybenko)教授及得州大学埃尔帕索分校的尤尼斯·桑托斯(Eunice Santos) 教授也提出了类似的“社会计算”的申请书。经过几番周折，在 IEEE 层面，我们做了协调，正式由 IEEE SMC 学会向 IEEE 出版委员会提出创办期刊的申请，并命名为 IEEE Transactions on Computational Social Systems（TCSS)，成为 IEEE SMC 学会的正式期刊，这部分资源与计算机学会共享。该期刊在 2014 年正式有了首刊，由乔治·塞班科担任创刊主编，尤尼斯·桑托斯当共同主编。当时的协议是，两个学会轮流选出人选当主编。在 2017 年，IEEE 期刊重振委员会任命王飞跃老师接替塞班科担任主编。当时参与的主要两个学会主席及出版委员会副主席，还有参与技术支援的计算智能学会（Computational Intelligence Society）及信号处理学会（Signal Processing Society）主席亲自见证了这段历史。要成立一个新的 IEEE 期刊是真的要经过一波三折的，每个有关联的学会都得同意，但 TCSS 的成立，为社会计算和社会机器的发展提供了有力的支持。

实际上，2010 年王飞跃老师就在 IEEE SMC 学会的理事会（Board of

Governers，BoG）上提出发展社会计算系统的建议，2011 年我接任王飞跃老师，任国际自动控制联合会（IFAC）经济、社会、金融系统技术委员会（TC 9.1）主席时，一项任务就是完成他在任期内提出的创立社会计算系统杂志的计划，后由于 IFAC 没有达成共识而 IEEE 在 2014 年推出 TCSS 而终止。非常高兴得知王飞跃老师今年又重新担任 TC 9.1 的主席，并启动了创立 CPSS（社会—物理—信息系统）杂志的计划，希望这一次能够成功，更进一步推动社会计算和社会机器的发展。

回顾这段历史，我们可以看出“社会计算”跟“社会机器”的关联。它牵起了 IEEE 的四个学会，而且还有 IFAC 关注早期人工智能的发展所遗漏的内容和应用。它不只是依赖着人工所产生的智能，而是去探讨、去计算人类的互动交流而产生的社群关系甚至进而产生智能规律。这是人工智能的升华。一方面，计算机成为了人与人进行交互的通道，而由此产生的副产品——大数据，已然成为网络虚拟世界最宝贵的资源；另一方面，随着认知计算等 AI 技术的泛在应用，虚拟助理如 Siri、Contana 和小冰的语言理解能力得到了极大的提高，计算机和机器人本身也成为了人类交互的对象之一。实际上，人机交互，正是《控制论》的核心思想之一。维纳在第二次世界大战中观察到了人与机器组成的伺服系统（如飞行器、高炮射击指挥仪）所具有的强大威力，也看到了闭环反馈所能带给武器的“自主感知”能力，由此提出了以控制、反馈和人机交互为核心思想的控制论。不可否认，近年来快速发展的自然语言理解、语音识别与语义理解、视觉识别甚至虚拟现实等技术，一定程度上均是为了使机器更好地以人类社会交互的自然方式与人进行交互。而社会网络和社交媒体的出现，更使得原本由单人—单机组成的闭环反馈伺服系统扩大到了群体的层面，由人类群体创造内容、机器群体进行管理的 Wikipedia 就是一个很好的例子。社会网络、AI 算法以及人类正组成一台强大的混合智能“社会机器”，这结合了人类和机器各自的优势，也赋予了他们更为强大的能力。

书中对于“社会机器”这一术语提出了两种定义：其一是用于描述人工智能赋予计算机的、原本只有人类才能在社会空间使用的交互能力，这一能力随着语音识别、视觉识别、自然语言理解等技术的发展正飞速发展；其二是万维网之父蒂姆·伯纳斯-李（Tim Berners-Lee）和马克·菲谢蒂（Mark Fischetti）在1999年给出的定义，用于描述由人和计算机的协同工作创造出的具有惊人能力和复杂性的系统构成的现代系统。如Twitter、Facebook以及维基百科等。最近非常有名的美国总统选举——利用Facebook和Twitter等大规模社交网络网站进行宣传，分析对手的优缺点加以制衡——便是一个非常精彩的利用社会计算以及社会机器获取成功的例子。而未来的发展，就像书中所提，“未来的社会机器将持续向人类，不管是个体还是集体，提供这种将自己沉浸于累积的知识中的能力”。

感谢并祝贺中国科学院自动化所的王晓博士，王帅博士与亚利桑那大学兼青岛智能产业技术研究院的王佼老师翻译了这本非常有意义的书，带我们走进在人工智能时代中另一个非常重要，但可能被人们遗忘的领域。

陈俊龙（C. L. Philip Chen）

IEEE Transactions on Systems, Man, and Cybernetics: Systems 主编（Editor-in-Chief）

2017年立秋

中国澳门

推荐序二

1589年，英国牧师威廉·李（William Lee）为了减轻妻子手工编织衣物的压力，发明了第一台手摇式针织机。那时的英国并没有知识产权局，所有的专利均需得到女王（伊丽莎白一世）的特许。令威廉失望的是，女王拒绝了他。他以为是自己的机器不够精细，于是改进设备后再次向国王（已是詹姆斯一世）申请，却没想到，国王以“这项发明会威胁到手工纺织工人的生计”为由，再次拒绝了威廉的申请。这番话也代表了当时纺织协会的担忧：新技术会让手工艺劳动者失业。由于和纺织协会关系势同水火，威廉最后不得不离开不列颠远走他乡。

久远的故事总是会以另外的形式在历史长河中映出影子：

科技迅猛发展的今天，互联网、社交网络、大数据、物联网……应接不暇的新科技极大程度地颠覆了人类的生活习惯和生存方式。工作、社交、娱乐、学习……生活中的林林总总已集成在一部手机的狭小空间中。人可一日不食，却不可一时不看手机，这正成为大众的习惯和生活常态。

但这些并不是新科技“侵蚀”人类生活的终点，它们甚至只是起点，因为——人工智能来了。它正快速地拓展自己在人类社会的影响力边界，其势难挡。从“深蓝”的崭露头角到“AlphaGo”的惊艳四座，从模式识别的初来乍到到深度学习的近乎大包大揽，从只在计算速度和存储量方面占优的“被动”机器转变成可颠覆传统行业局部领域的智能机器。有研究机构宣称，人工智能正在促进社会发生巨大转变，而这种转变比起工业革命“发生的速度快10倍，规模大300倍，影响几乎大3000倍”。

纵观人工智能领域的全球态势，不难发现多个国家都在跃跃欲试：美国白宫发布了《为未来人工智能作好准备》的报告，针对政府、公共机构和公众提出了23项具体建议措施，同时，美国国家科学技术委员会网络和信息技术研发分会发布了《国家人工智能研发战略规划》的报告，提出了七大战略（2016年10月）；日本文部科学省确定了“人工智能/大数据/物联网/网络安全综合项目”战略目标（2016年5月）；近日（2017年7月20日），国务院正式印发《新一代人工智能发展规划》，也将新一代人工智能的发展提高到国家战略层面。

乐观主义者看到的是希望：新的人工智能技术也许将达成人类力所不可及的成就，从而实现社会分工的优化，让人类的生活变得更加美好。

悲观主义者看到的是恐惧：这是否是人类工业生产的没落点，是否是一部分平民阶层被淘汰的威胁，是否是机器人动乱的导火线？

事实上，已不乏大小媒体、机构、企业发表了各类新闻和文章，为人工智能的到来宣传或是造势，从各个角度试图诠释人工智能的优势或不足。看似繁荣的媒体网络实际上带给读者更多的是困扰和混淆。作为未来人工智能技术切实的受益者（或受害者），与其身陷充斥着各类观点的旋涡中心不知所措，不如后退一步，换个视角，静下心来了解那些正在推动我们的生活方式发生快速和潜在破坏性变化的人类因素和关键计算机技术，撇下对未知的恐慌，用冷静和理智理解技术、分辨趋势、判断和掌控未来。

詹姆斯·亨德勒教授和爱丽丝M. 穆维西尔博士的书便是一本很好的参照读物，书中涉及人工智能理论部分的阐述深入浅出，既不一概而论，也不晦涩难懂；同时进行大量的实例分析，又非常形象地为读者展示了人工智能的作为。

首先，作者选择了两个目前人工智能表现出色的领域——医疗和游戏，通过现实生活中的实例带领读者从感性上体会人工智能已经带来的变化，可能是生活上更便利、可能是技术上更精湛，同时也可能是隐私泄露带来的烦恼和威胁。

由表及里，作者借由对上述例子的分析，详细生动地阐述了人类在认知领域可完成任务的特点及其固有的、生物本质决定的、生存发展中不得不面对的缺陷；另一方面，分析了计算机参与到人类世界的过程中其所擅长的任务类型、可以达到的知觉能力以及暂时无力企及的高级认知功能。

其次，鉴于人类和机器的能力特点各有千秋，作者探讨并展示了人机交互接口应该如何设计，需要怎样的技术基础才能实现人机的共生模式，以及性能被增强了的未来人工智能、机器智能会被如何训练和使用，并将面对或创造怎样的未来。

为帮助读者更具象地理解人工智能，作者结合社会机器的概念（由人类进行创造性工作而机器完成管理任务的过程），在社交网络链接的另一端从人慢慢过渡到机器的情形下列举实例，展示了人类如何帮助机器更好地进行学习，描述了人工智能技术如何继续依赖于人类从而获得更加强大的力量。作者还推测了由人类和机器共同组成的网络所蕴含的潜能，以及社会机器技术的未来将如何演化。

最后，作者从另外的角度阐述了社会上对人工智能普遍存在的担忧，提出应理性审视由于人工智能技术的部署以及新兴社会机器的出现而使得社会可能会面临的一些潜在问题和挑战 。

人工智能代替人类并不是一蹴而就的，就目前而言，人类与人工智能各自的特点和两者间的分水岭尚相当明显，更可能的合作模式是相互取长补短，合作共生；相信对于人工智能技术的发展方向、适用领域、能力极限等话题的探讨会一直持续下去。希望读者在阅读本书的过程中，选择感兴趣的方向深入调研和思考，相信你会在书中找到理解人工智能技术的出发点，并在作者的启发下形成自己对人工智能更为理智的解读和预期。

最后，尤其需要感谢王晓、王帅、王佼三位译者的工作，译者专业的技术背景保证了本书翻译工作的可靠性和专业性。在科学技术全球化趋势愈发深入的当下，及时、准确、全面地与读者分享发达国家前沿科技工作者的思想，不仅对科研工作者完善充实知识体系、调整研究方向有着重要意义，对非科研工作者开拓视野、保持思想与时俱进有着极大的促进作用，同时对推动整个社会的进步也有着非凡的意义。

胡斌

兰州大学信息科学与工程学院院长

2017 年 7 月

推荐序三

早闻《社会机器》这本书，因忙于工作，未能如愿阅读。当王晓博士请我给本书的中文版作序时，我以先阅读再考虑的方式谨慎地应承了下来，随即迫不及待地阅读该书的中文电子版。

我几乎是一口气读完了这本关于未来社会机器的著作。在最初的浏览中，就为两位作者广博的知识、睿智的思维、严密的推理所折服，也为译者生动流畅的语言和准确通俗的术语感到欣慰。书中第一章以中国的一句谚语开始并娓娓道来，让中文版显得尤为亲近。从技术创新到社会变革，人工智能推动机器取得了一个又一个的突破，从深蓝到 AlphaGo，从 Siri 到社交网络，产生了巨大的社会影响。作为人工智能研究的同道中人，本书读起来更是难以释卷。

两位作者均为业界翘楚。亨德勒教授身为伦斯勒理工学院数据探索与应用研究所所长和计算机、网络和认知科学领域的教授，在语义网、人工智能等领域成绩斐然，被评为美国 20 位最富创造性的教授之一。穆维西尔曾是雷神 BBN 科技公司的首席科学家，在知识获取、知识表达、基于实例的推理、语义网等方面硕果累累。正是由于两位作者广博的学识和出众的艺术修养，使本书融可读性、趣味性、专业性为一体，让人读来总处于心旷神怡的享受状态。因此，在当面对这部《社会机器》时，不会因一连串的专业术语而感到枯燥晦涩，更不会因讨论未来的机器世界而感到恐惧无助。

当然，作为一部科学著作，术语的严谨和缜密的推理是必不可少的。本书恰恰在这方面成为典范。本书内容深入浅出、通俗易懂，章节间环环相扣、引人入胜。从引言开始，对写本书的目的、全书结构及涉及到的术语、历史及未来进行了勾勒，从大家最关心的话题，如谁将成为你的下一个医生开始，对智能认知技术、网络医疗及人工智能系统等方面铺开直叙。接着，从常见的游戏切入介绍了人工智能的核心问题，对人类面对这些核心问题的局限展开讨论，进而对机器理解、感知世界时面对的困难进行梳理。在这环环相扣中，人工智能必将拓展和提升人类的能力，社会机器必将出现，由此产生的社会挑战必须面对，包括群体的智慧或暴民的疯狂这样的社会伦理问题。尽管如此，社会机器的发展进程不会停止，我们必将迎来崭新的未来人工智能世界。这就是本书一气呵成的整体结构。

读《社会机器》，我们必将折服于作者敏锐的洞察力。比如，在第二章中以医疗机器人为例，从传感器、硬件、软件及人工智能计算等方面的发展对医疗领域带来的冲击和改变进行了讨论，同时对认知技术、网络技术对人类疑难杂症的诊疗，进而对我们的医疗保健系统的帮助等方面进行了展望，但又不失理性地对人工智能系统所带来的伦理问题进行了讨论。但是，智能机器的局限性是明显的，如机器很难准确地理解人类的语言和进行情景理解。鉴于此，智能机器必须与人类交互，人机混合智能才是未来人工智能最强大的力量。

在人工智能技术与战争部分，作者敏感地意识到人工智能技术对战争的影响，分析了大量无人系统、机器人以及网络的使用，将使得战争的形态发生根本性的变化，由此可能对人类造成的灾难。当然，本书的内容还涉及技术伦理和哲学方面，对于这些问题，作者在书中只有警示，并没有展开探讨。或许，对人工智能技术系统，这些问题是沉重的、也是永恒的。即便作者力图去澄清或分析，也难以利用现有技术分析透彻。作为读者，特别是有志于人工智能领域科学研究和技术开发的科学家、工程师，这个问题值得与作者共同思考，并对作者在本书中提出的伦理问题、技术问题形成自己的观点。

总之，人工智能时代，人和机器的关系已从过去纯粹的单向服从关系，变为双向的智能交互关系，由此人类社会将进入一个人和社会机器共存的社会，社会机器必将为人类插上翅膀，使我们的未来更加美好。这本书正好适时地给我们展开了这幅沿途充满挑战、前景尽显旖旎风情的美好画卷。

是为序。

孙富春

清华大学计算机科学与技术系教授

目　录

第一章

引言：为什么要写这样一本书

人们常说“宁为太平狗，不做乱世人”是古代中国的一句俗语。在现实生活中这一故事可能不足为信，但其背后的深层含义却不然：社会变革会产生许多前所未有的机会，也会产生巨大的个人压力或重要的社会动荡。许多因素会引发变革，但技术的创新往往是一个调节因素。对于身处变革时期的人们来说，其中的一个挑战就是理解这些技术的实质。把到底哪些技术已经被实现了的真相和那些由利益获得者们发起的炒作分开，是一项艰难的挑战。新闻媒体和社交网站上的评论对此几乎没有任何帮助：进行报道的人通常并不比他们所报道的人更了解这项技术。乐观主义者们看到的是希望的理由，悲观主义者们看到的是绝望的理由。而真相，最终被发现时，往往是介于二者之间一个非常微妙的境地。

我们当下就处在乱世。尽管造成这一情况的原因有很多，但毫无疑问这是一个科技飞速发展从而推动变革的时代。过去的 50 年，人们见证了计算机的发展越来越多地走入我们的生活；但过去的 10 年左右，这一发展却异乎寻常。计算机已从工作场所走入我们的家庭，现在俨然成了我们日常生活中不可或缺的一部分。它们已经走入我们的社交空间，在我们的汽车、手机和房子中随处可见。那些之前需要通过从便携式计算机输入语句进行唤醒的个人助理程序，现在可以通过呼叫名字进行唤醒了。不管是待在家里还是外出，在房间里还是房间外，我们有了 Siri、Alexa 和即将诞生的名为 Viv 的一个新朋友等这些正在变得越来越有用、越来越普遍的个人助理程序。例如，若要想让亚马逊（Amazon）的 Alexa 帮你关上卧室的灯，除了直接要求它之外你无须去做其他任何事情。

推动机器向我们的社交生活入侵的是两项交织的技术。其中一项是社交网络，机器使得我们能够与朋友、熟人，甚至陌生人通过 Facebook、Twitter、Snapchat、RenRen、Weibo，以及其他数十项应用进行互动。在美国，现在据说有高达 40% 的结了婚的夫妻是通过在线约会网站认识的。就像餐厅原来不允许顾客在店里使用计算机，而如今豪华餐厅的餐桌上已经开始配备平板设备来为顾客提供方便来避免他们失去与世界的连接。我们的社交生活正变得越来越联通，而且这并不像是一个短时间内就会消失的趋势。

尽管社交网络已经无处不在，它们主要还是关于人与人之间的交流互动。但这种情况正在改变，因为人工智能（AI）领域有了新的突破，越来越多的处在连接的另一端的“人”变成了一台计算机。这就涉及允许计算机对人们所说的话做出反应，并以越发贴近自然且有用的方式进行回答的技术。通过 AI 技术，IBM 研发的认知计算平台沃森（Watson）在美国著名的电视智力竞赛节目——危险边缘（Jeopardy!）上打败了 2 个世界顶级选手。通过 AI 技术，一台由谷歌的一个团队编程的计算机，最近在围棋比赛中打败了世界上最为优秀的一位棋手。自动驾驶汽车已经从科幻电影走进现实生活，有超过 30 家汽车制造商正激烈角逐，看谁将成功售出第一台没有方向盘的汽车。

事实上，这一变革时期的挑战，同许多其他时期一样，是理解技术本身以及理解它们会如何影响我们所生活的真实世界。目前来说，分辨出许多大大小小的公司的宣传造势，的确是一种挑战。在这一点上，新闻媒体网站确实几乎没有提供任何帮助，因为记者们也很难理解那些技术。乐观主义者们看到的是希望：也许这些新的 AI 技术将使我们人类的生活变得更加美好；悲观主义者们看到的是恐惧：这是否是机器人动乱的触发点？

接下来的几十年我们将见证巨大的社会变革，这是由于社会存在之间日益互联的性质和快速推动这一变革的 AI 技术所造成的。在本书中，我们希望能够帮助你充分了解这一社会动荡背后的 AI 技术并引领你度过这一变革时期。那些对 AI 技术保持乐观态度的人们将学习到足够的知识以理解技术真正承诺了什么。那些倾向于悲观主义的人们将会看到真正的挑战是什么。事实上，真实的情况，至少在可预见的未来中，是存在于上述两者之间一个更加微妙的空间之中的，一个本书将会带你发现的空间。

作者是谁

社交网络的想法远早于目前正在使用的计算系统。在现实社会中，借助学校、工作和社区等方式与人会面，是一种强大的汇集人脉（有时是不同背景的人脉）的方法，可以分享观念并形成关系。我们在本书中的合作就是基于这类真实世界中的社会网络。我们的研究线路最早在 20 世纪 90 年代发生了交叉，当时我们同时参加了美国国防部的科研课题所赞助的一个研究项目。我们共同参与一个名为（D）ARPA/罗马实验室规划倡议（Rome Laboratory Planning Initiative，ARPI）[㊀]的项目，并被赞助者们要求将大家各自独立进行研究的部分整合在一起。

㊀ Tate，Austin（Editor）；"Advanced Planning Technology：Technological Achievements of the ARPA/Rome Laboratory Planning Initiative"，May 29－31，1996，Edinburgh，Scotland. Published by The AAAI Press，Menlo Park，California.

由于我们对人工智能及相关课题如网络、语义标记及分析、决策支持技术和大数据等研究领域的共同兴趣，在此之后我们又有过多次的研究线路的交叉。尽管我们都对构建复杂、有用且智能的机器很感兴趣，但我们的方法和专长有所不同，同时也是互补的。一方更侧重于算法、数学形式体系及大数据，而另一方则更侧重 AI 技术如何与其他技术结合以便为人们提供服务。吉姆重点关注的是构建新的技术，而爱丽丝则一直致力于确保那些技术可以帮助人们解决他们所面对的问题。与此同时，爱丽丝还是一位才华横溢的艺术家，你可以看到点缀本书的许多水彩插画都出自她之手。吉姆的爱好就是收发他的邮件，摆弄他的学生们带到实验室的最新的小玩意儿。

尽管或者正因为我们的视角不同，但我们都觉得是时候写这本书了。因为我们两个人都观察到，我们一直致力于研究的那些前沿技术正在推动着社会变革的加速发展。“社会机器”这个术语，已被用于描述许多事物，我们的整本书都将来讨论它，但最重要的是，它代表的是人工智能、社交网络和人类认知日趋相同的概念。随着社会变革步伐的加快，这些技术及其应用彼此之间，以及与我们人类的交互性越来越强。在寻找一个用来表述我们正在经历的社会变革的速度及影响的术语时，我们偶然发现了一个可以使本书的标题增色的术语：碰撞。

我们看到了 AI 技术、社交网络和人类这三者之间存在的潜在冲突，因为我们曾经是推动这一碰撞的研究的一员。我们希望我们不同的视角能让读者更好地理解：未来的社会机器将是什么样子、它们来自何方、它们还存在哪些尚未解决的问题以及为什么我们不能忽略碰撞已经发生而且它将对我们人类产生深远影响的事实。

为什么要阅读这本书

这本书旨在帮助读者了解：从 AI 科学的角度开发的工具和产品，是如何在过去、现在并将继续影响着我们每个人的。我们将探索这些技术并探索如何通过它们使我们与环境（开始包含越来越多的智能计算设备）与其他个体（包括人类与人工个体）在更大的社会网络中进行交互。我们将描述 AI 技术是如何随着硬件、软件及它们用于通信的基础设施等方面的改进而逐渐变得更加可用、更加强大的。这一基础设施便是万维网，它已经对个人及其社交互动产生了重大影响。与此同时，它也增强了我们与许多不同类型的计算技术之间的通信，结果就是创造出了一个在线社会或者说是社会机器。

使用计算机或智能手机上的一个应用程序与朋友、家人、同事或全世界进行交流，现在已经成为一种普遍的做法。当前可利用的各种各样的计算机和智能手机，以及它们现在所能提供的便捷操作，已经使我们的世界变得更加网络化且“在线化”。这种不管什么时间、在什么地方、某个人的社会或经济地位如何，都可以便捷地与社会中的其他人进行交流的能力是社会机器的基础。计算机技术现在可以帮助我们许多人安排会议日程，分享个人经历和图片，与来自世界各地甚至是不认识的人共同学习、游戏并讨论交流。事实上，对于我们大多数人来说，很难做到 1 天甚至说 1 个小时，不去查看我们的邮件、短信、推文、Facebook 更新等信息。我们已经处在一个连线的社会，并且这一连接我们以及我们生活中的物品（如我们的家居和汽车）的计算机接口，将随着技术的增强和使用继续得以增长。

当展望未来时，我们会看到，我们依赖计算机技术来支持我们生活的方方面面的情况还将继续加深。我们现在已经接受甚至依赖的技术，在 10 年前连想都不敢想。随着我们对技术的依赖加深，我们使用技术来帮助我们旅行、管理我们的财务、分析医疗结果、进行车辆导航和管理我们日程的倾向性也增加了。这其中有许多技术是基于 AI 的，并且随着我们对技术的依赖也在演化，我们期待更多基于 AI 的技术将变得可用并融入我们的生活。我们已经开始看到，基于 AI 的认知计算技术已可用于个人助理工作，并且这将以一种加速的趋势继续发展。

尽管大多数人看起来愿意拥抱由我们的互联技术带来的福利，许多人并不清楚这些技术如何工作，以及还有哪些潜在的技术问题没有解决。人们很难理解，为什么对一台计算机来说理解一个问题的语境会如此困难，或者为什么保护个人在线交互的隐私数据是如此重要。大多数人并不理解 AI 是什么，许多人甚至没有注意到他们已经使用了基于 AI 的工具。非计算机专业的人们往往根据他们在科幻小说或者电影里了解到的内容来看待 AI，在这些内容中 AI 往往会被描绘成一种威胁。几乎每天都会出现描述 AI 技术的正面和负面作用的新闻报道和在线讨论。自从这个领域出现以来，一直都是这种情况。20 世纪 90 年代，哲学家休伯特·德莱弗斯（Hubert Dreyfus[一]）和约翰·塞尔（John Searle[二]）以及物理学家罗杰·彭罗斯（Roger Penrose[三]）等人更是一度指出，AI 是不可能实现的，研究者们应该停止在这一技术上耗费时间。

然而，研究已经向前推进了一大步，在过去几年里，对于 AI 的批判已经发生了巨大的反转。批评者们从担心我们浪费时间，变成担心我们将会成功并且太过成功。许多研究者看到了 AI 技术将极大地丰富我们的生活的前景；但另外一些人们被引导为坚信 AI 技术的使用将会走向使人类成为机器的奴隶的未来。一个反复被提及的流行的话题是：AI 技术会不会对人类的生存造成一种威胁。2016 年 5 月，在线上互动问答型网站 Quora 上出现了这个问题，引起了数百个回答以及上千的阅读量[四]。物理学家罗杰·彭罗斯曾被问到 AI 是否有可能实现，然而就在之后不到 20 年的时间里，他

㊀ Dreyfus, H., "What Computers Still Can't Do", MIT Press, 1972.

㊁ Searle, J., "The Chinese Room Argument", April 9, 2014, Stanford Encyclopedia of Philosophy, http://plato.stanford.edu/entries/chinese-room/.

㊂ Penrose, R., "The Emperor's New Mind", Oxford New University Press, 1989.

㊃ www.quora.com/Is-A-I-an-existential-threat-to-humanity.

最著名的学生斯蒂芬·霍金（Stephen Hawking）在2014年英国广播公司（BBC）的一次采访中已经表示“人工智能的全面发展将成为人类的末日”[㊀]。在20年的时间里，批评者们指责我们不应该追求AI的原因从因为AI不可能实现变成了因为AI不可能不会实现。

正如前文的内容所暗示的那样，我们坚信真实的情况将会介于两者之间。虽然这在哲学层面上很容易探讨，但现实中的真实情况往往更加复杂。AI能够并且确实做了某些不可思议的造福人类的事情。人类与计算机日益密切的伙伴关系具有巨大的潜在利益。然而，若人们把握不好尺度，它也将不可避免地引起社会动乱，其造成危害的潜力也是巨大的。我们在接下来几年做出的决策，将对我们未来的生活产生重大影响，因此认识到这一技术空间内在的利益权衡，对于我们理解自己将要居住的世界具有十分重要的意义。

简言之，我们认为掌握丰富的AI知识对于未来的线上生活是至关重要的。所以，这本书的主要目的之一就是帮助你更好地了解AI、社交网络和其他一些相关技术，从而使得你能够更好地理解，并且更重要的是更好地帮助塑造未来的社会机器。在本书中，我们将描述AI技术的演化进程、它可以做什么以及它的局限性。我们会讲述人类如何通过使用机器获得收益以及机器如何通过与人类交互获得收益。同时，我们还会讲述AI技术与其他技术（特别是社交网络）的集成，将如何成为我们日常生活的中流砥柱，并提供案例说明这种技术如何具有使人类受益的潜力。我们也将考虑它所能引起的不受控制和无法回避的潜在危害。通过对技术的了解，我们希望你，亲爱的读者，对于应该走哪条路以及如何实现目标，能够更好地做出选择。

㊀ www.bbc.com/news/technology-30290540.

人工智能简史

目前已有大量的 AI 领域相关的书籍，包括煽动性地命名为《AI：人工智能探索的动荡历史》(AI：The Tumultuous History of the Search for Artificial Intelligence）的一书，由丹尼尔·克雷维尔（Daniel Crevier）[一]所著。在本节中，我们主要关注将在本书中进行全面回顾的那些主题的简短历史，从而让读者对这些主题的根源有一个直观的概念。（请注意，为了节省空间，我们省略了 AI 领域的许多人和发现。)

人工智能是计算机科学的一个分支，它主要研究并开发与“智能推理系统”的设计和构建相关的理论、算法和方法论。用来描述这一新兴领域的术语“人工智能”往往被认为是 1956 年在新罕布什尔州汉诺威达特茅斯学院举行的一次会议[二]上提出的（如机器智能、思维机器和其他类似的描述可追溯到更早，特别是在英国，当这个会议正在美国召开时，这一领域已经在英国变得极具争议了)。在这个延续了一整个夏天的研讨会上，讨论主要集中在 AI 问题的几个方面，包括本书将要讨论的一些问题：

- 从硬件方面来讲，具备模仿人类大脑之充足能力的自动计算机是否能够被研发出来。
- 基于人类大脑架构的人工神经网络是否有可能被设计出来。
- 一台计算机被如何编程才能够使用人类的语言。
- 计算机如何才能玩诸如跳棋、国际象棋、围棋等游戏。

[一] Crevier Daniel. AI: The tumultuous history of the search for artificial intelligence. Basic Books, Inc., 1993.

[二] McCarthy, J., Minsky, M., Rochester, N., and Shannon, C., “A Proposal for the Dartmouth Summer Research Project on Artificial Intelligence”, August 31, 1955, in AI Magazine, Vol. 27, No. 4, 2006.

- 计算机是否有能力学习概念、形成抽象、提高自身性能、生成规划、处理随机性事件或变得具有创造性。

会议的许多参加者，不管是组织者还是学生，现在都被认为是该领域的创始人了，继续指导并影响着各种 AI 系统和算法的发展。

早期的 AI 研究往往被划分为两种主要的哲学途径。第一种途径，倡导者是艾伦·纽厄尔（Allen Newell）和西蒙·赫伯特（Simon Herbert）[一]，他们主张 AI 程序应该能够以模仿人类解决问题的方式来解决问题。另一种途径，主要支持者是约翰·麦卡锡（John McCarthy）[二]，他认为计算机使用的方法和算法不需要复制人类的认知机制，正如许多早期的能玩跳棋、国际象棋以及其他游戏的人工智能程序所证明的那样。麦卡锡特别强调使用形式逻辑来作为构建智能系统的基础。

试图构建能像人类那样解决问题的计算机程序的 AI 研究者们探讨了人类如何处理感官、感知以及认知数据。人类所使用的学习方法，如模式识别，被用在了编写分析视觉场景（奥利弗·塞尔弗里奇，Oliver Selfridge[三]；马文·明斯基，Marvin Minsky[四]）以及分类对象和学习概念（厄尔·亨特，Earl Hunt[五]）的计算机程序上。人类神经学方法，被用作学习理论（唐纳德·赫布，Donald Hebb[六]的基础，来建立分类器（约）

[一] Simon, H. A., and Newell, A., "Human Problem Solving: The State of the Theory in 1970"; Carnegie Mellon University, Pittsburgh, PA.

[二] www-formal. stanford. edu/jmc/whatisai/, Stanford University, 2007.

[三] Selfridge, O. G., "Pandemonium: A paradigm for Learning", National Physical Laboratory, Symposium, No. 10, 1958.

[四] Minsky, Marvin and Papert, Seymour; Perceptrons. An Introduction to Computational Geometry. M. I. T. Press, Cambridge, Mass., 1969.

[五] Hunt, Earl; "Concept Formation", Encyclopedia Britannica, www. britannica. com/topic/concept-formation.

[六] Hebb, Donald, The Organization of Behavior, Wiley and Sons, NY, 1949.

翰·霍兰德，John Holland[一]）和研发通用的机器学习方法（杰夫·辛顿，Geoff Hinton[二]）。人类使用语言的方式，被用来研发诸如特瑞·温诺戈里德（Terry Winograd）的 SHRDLU[三]或罗杰·尚克（Roger Schank）的 MARGIE 等自然语言理解理论和程序。

人类解决问题的技巧和认知心理学研究也是早期自动化通用问题解决工具和专家系统（爱德华·费根鲍姆，Ed Feigenbaum）[四]的基础。其他方法研究了一个人工推理实体与一个更大的能够使用反馈来适应环境的自组织系统（如人类大脑）之间的关系，它们往往基于约翰·冯·诺依曼（John Von Neumann）[五]或是自动控制领域早期的工作——这些工作又是在诺伯特·维纳（Norbert Wiener）[六]20 世纪 40 年代工作的启发下完成的。这方面的有些研究已被用于开发早期的机器人，包括由尼尔斯·尼尔森（Nils Nilsson）主导的一个著名的项目，研发了一款名为 Shakey[七]的机器人，Shakey 可利用它对自身环境了解的有限信息，结合人工智能规划技术，协调运动并执行简单的任务。

构建一个能够在多种情境下与人类进行交互并能够高效地解决问题的认知计算机器，是颇具挑战性的，而且需要许多不同学科的研究者们的专

㊀ Holland, John, "Complex Adaptive Systems", Daedalus; Winter 1992; 121, 1; Research Library, page 17.

㊁ Hinton, G. E. (2014); "Where do features come from?", Cognitive Science, Vol. 38 (6), pp 1078-1101.

㊂ Winograd, T., SHRDLU, 1968 (described at http://hci.stanford.edu/winograd/shrdlu/).

㊃ http://amturing.acm.org/award_winners/feigenbaum_4167235.cfm, 1994.

㊄ Von Neumann, J., The Computer and the Brain, Yale University Press, 1958.

㊅ Wiener, N., Cybernetics: or Control and Communication in the Animal and the Machine, Boston, MA: Technology Press, 1948.

㊆ http://www.ai.sri.com/shakey/; http://en.wikipedia.org/wiki/Shakey_the_robot.

业知识。例如，本书所描述的社会机器，是对来自人工智能、工程学、认知科学、社会科学、语言处理、数学等学科的想法和构思进行整合的结果。

尽管 AI 的研究领域是多样化的，但以下这六个领域一直都是并且还将继续是该学科的研究焦点：

- 视觉
- 机器人
- 自然语言
- 机器学习
- 自动规划系统和自动编程
- 基于规则的专家系统

在这些 AI 研究的焦点领域中的大部分研究最初都失败了，但尽管如此，与大多数新技术一样，从过去的失败中学习到的结果又引起了新的研究方法的提出。事实上，许多失败都是由于某些早期的 AI 理论和想法远远领先于当时可用的计算技术而造成的。大量被认为失败的方法，是因为当它们第一次被提出时，对于当时的技术来说太难实现了；但由于软件、硬件及通信技术的巨大进步，现在可以逐步实现了。事实上，许多越来越成功的程序正是产生于那些早期不太成功的开始，这也正是我们将在之后的章节所要讨论的内容。

社会机器

许多早期的 AI 系统被开发为：向单个用户提供支持或代替一个做重复的、无聊的或复杂但可解决（换言之，这是一个简单但人类可能需要花费很长的时间来完成）的任务的用户。其他工作则探索 AI 是否可被应用于向一组协同合作解决问题的用户提供支持。随着计算机和通信技术，特别是互联网以及之后的万维网，正变得越来越普及且可靠，人们越来越倾向于使用计算机进行交流和分享信息。在某些情况下，计算机只是被人们用作沟通交流的工具；在其他情况下，计算机则会成为上述交流过程中不可或缺的一部分，促进人们的信息共享。在 1999 年前后，万维网的创始人蒂姆·伯纳斯—李曾写道，我们正要看到“社会机器”的起步，这意味着计算机将能够执行管理任务，并将能够为进行创意工作[㊀]的人们提供支持。其他人则用这个术语表示不同的含义，代指最新的 Facebook 和 Twitter 等允许大规模社交的社会网络网站，但这之所以能实现，仅仅是因为计算技术的进步允许它们支持这样的大规模交互。

在本书中我们对“社会机器”这一术语的用法有两种方式。首先，我们用它来表示人工智能所提供的、使计算机得以使用传统被认为只有在人类的社会空间中才能使用的方式进行交互的、日益增长的能力。这包括我们手机上的个人助理，用于监控我们的家或其他空间以提高安全的 AI 设备，以及一些其他的类似于使用 AI 技术来帮助医护人员完善他们对病人的护理的应用程序。这将是我们在第二章到第六章对该术语的主要用法。在第七章，我们将更加深入地探索蒂姆·伯纳斯—李给出的定义，以及那些由人和计算机的协同工作创造出的具有惊人的能力和复杂性的系统所组成的现代系统。

未来的社会机器将持续向人类，不管是个体还是集体，提供这种将自己沉浸于累积的知识中的能力。然而，人类之间不断地交流互动产生的信息量（人不仅作为其他人产生的信息的被动接受者，也作为一个全球化信息空间的贡献者），将远超过今天的互联网所能提供的容量。展望这一未来，我们认为，最主要的不是高速超级计算机构成的赛博基础设施以及它们网络化的交互，而是这些底层系统所能支持的更为强大的人类社交互动，

㊀ Berners-Lee, Tim, and Fischetti, Mark. Weaving the Web: The original design and ultimate destiny of the World Wide Web by its inventor. HarperInformation, 2000.

例如，由辅助认知技术和其他智能设备所提供的个性化服务。

AI 技术由各种智能设备提供支持。它们正迅速成为社会机器的积极参与者。它们帮助人们解决个体层面（我，我的健康，日常生活）、社区层面（犯罪，交通）甚至整个人类层面所面临的重大问题（新鲜空气，干净用水，全球变暖）。许多问题不可能仅通过单个个体（包括我在内）的工作或者神奇的机器来解决。某些问题同时需要（许多）人类的创造性和（许多）机器的计算能力强强联手（众包）才能解决。

在本书中，我们描述了未来一代的社会机器将如何带领 AI 研究者们和其他人理解新算法和新接口的设计，理解分布式推理和查询的新方法，以及理解对新类型的社会机器（包括涉及隐私、信任和责任制度的政策认知系统）的研发。

风险与挑战

正如前文所说，尽管这些强大的技术具有令人激动不已的新用途，但它们同时也带来了新的风险与挑战。人工智能计算技术正不断取得成功，并迅速成为我们生活中不可或缺的一部分。然而，报纸、博客、杂志和专业期刊上每天都有文章提出关于 AI 技术是否应该以及如何获得发展的问题。其中一些文章重点阐述了越来越多的产品和工具正被研发出来，并被逐渐用于向人类生活的众多日常需求和任务执行提供支持。有些文章和讨论则表达了这样一个可怕的观点：AI 将会改变我们的生活方式、我们的社会，甚至是终结我们的族类。为了理解这些威胁，我们需要理解 AI 系统以及它们的工作原理。

在不久的将来，AI 工具将会帮助我们制定所有类型的决策。私人 AI 助理将越来越常见。然而，为了让这些助理更好地为我们服务，它们需要了解我们的个人喜好和选择。大多数的 AI 工具可能会通过观察我们的行为，特别是我们在线上生活中表现出的行为来学习了解我们。正如我们的私人 AI 工具可以学习了解我们一样，那些属于商业、政府甚至敌对组织的其他 AI 工具也可以通过学习来了解我们。为了拥有一个更好的未来线上生活，并能够相信我们的 AI 工具将会做对我们有利的事情，我们每一个人，包括研发人员、分销商和 AI 工具的管理人员，都需要有保护我们的隐私并且降低我们的信息被某些敌对组织获取的概率的机制。

这是我们撰写这本书最重要的原因。尽管这些技术已经让人兴奋不已，并且可能会带来巨大的好处，但它也可能对我们现在所熟悉的社会造成巨大的破坏。如果我们要掌控这些技术所能带来的好处以及它将会带来的挑战，那么我们的社会需要认真考虑并建立一套指引这些技术发展的标准和政策。与其害怕这种碰撞的到来，我们认为人们更需要尽可能多地了解 AI 能做什么，以及更重要的是，如果我们要制定聪明的决策，那么不管是作为个体还是整个社会，不管是在何时、何地以及为什么我们会使用或限制这些强大的技术，都需要了解 AI 目前还不能做什么。

呈现在读者面前的将是什么内容

本书中，我们将考虑人类所擅长的事情以及我们自身的局限性；我们也会用同样的方式来考虑机器。在接下来的章节中，我们会探讨许多能够更好地帮助读者了解 AI 和社会网络是如何已经并将继续影响我们全人类的主题。

在第二章中，我们以医疗保健为例，帮助读者更好地了解当今社会及不久的将来所能用到的各种技术。我们讲述了由硬件、软件以及先进的计算技术（如 AI）的改进对医疗保健领域带来的变化。我们的讨论探索了像 Fitbits 这种传感器设备是如何帮助人们管理自己的身体健康。我们也列举了像 Watson（IBM 公司最顶尖的 AI 系统）及其他类似的认知技术是如何帮助医生与癌症抗争以及诊断疑难杂症。我们探究了网页技术如何用于帮助病人更好地理解自己的病情。虽然我们强调了一些潜在的问题，如病人隐私外泄，但我们将在之后的一章就这些特别的挑战进行讨论说明，而在第二章重点关注未来几年在健康领域将取得的进展。我们还谈论了医学从业者与计算技术的职能定位正变得愈加模糊，这将如何影响未来的医疗保健和老龄人口的健康问题。

在第三章中，我们针对AI系统如何运作提供了更多的基础背景信息。为做到这点，我们重点关注AI如何被用于玩游戏，在该领域中AI的表现相当出色。我们将掀开盖在AI算法上的幕布，展露它们是如何被机器用于玩各种不同类型的游戏的，包括跳棋、国际象棋、井字游戏、西洋双陆棋、扑克以及更为复杂的围棋，后者直到最近才被AI系统成功攻克。我们还对AI研究者如何能将对人类技能策略的观察融入计算机程序中做了匆忙一瞥。第三章也描述了在玩同样的游戏时，机器所使用的方式与人类存在的一些差异，这是为了阐明AI系统的人工智能特质与我们人类所被赋予的更加自然的智能之间的差异。

在第四章中，我们探讨了人们为什么需要AI。我们讲述了一些人类的局限性，包括其解决问题的能力（特别是在情绪化或有压力的情景下），以及那些在步入老年后常常出现的记忆丧失和社会隔离问题。之后，在第五章，我们考虑了机器的局限性。我们谈论了为什么机器很难准确地明白人类的语言或者理解它们看到的情景。我们也探索了机器所获得的新的感知能力，以及为什么尽管有近年来的成功，但就我们对感知到的内容进行“理解”这一方面，计算机仍然落后于人类。这两章内容一起说明了人类与计算机相互比较下，两者各自具有的优势和局限性。

在第六章，我们探讨了鉴于人类和机器的能力不同，AI如何在许多方面帮助人类（反之亦然）。我们介绍了接口如何被设计为向人机交互提供支持的背景知识，同时探讨了那些展示了接口技术必须进行怎样的改变才能使得人类与机器拥有一种更加共生关系的未来AI技术和其他增强设备。我们还讨论了个性化AI助理的未来，并描述了它们将如何被训练以及如何被使用。我们还用一个警告为第八章做了铺垫，提醒大家若要使这些类型的工具变成可依靠的助理，AI 技术中还有哪些需要解决的问题。

在第七章中，我们探讨了梅特卡夫关于社交网络如何以乘数规则起作用的定律（Metcalfe's law），特别是这将如何适用于在机器协助下的人类。我们提供了一些展示众包的各个方面如何被用于构建线上知识（维基百科）以及支持人道主义需求的例子，例如，在自然灾害发生时进行快速救援或者在线下世界中处理社会问题。第七章还包括一些关于公众科学的例子，展示了人类是如何帮助机器更好地学习的。第七章包括对两种现代 AI 技术——深度学习和 Watson——更为详尽的解释，并描述了这些技术如何继续依赖于人类从而获得更加强大的力量。我们还推测了由人类和机器共同组成的网络所蕴含的潜能，以及社会机器技术的未来将会如何演化。

在第八章，我们考虑了这些新技术在没有监管的情况下进行使用会产生的一些危害。我们描述了对更好地保护人类数据隐私的方法的需求，使用智能自主设备（如无人机）等带来的道德伦理问题，以及社会机器将如何成为一把双刃剑，对大部分人有益，然而也潜在地使一些有邪恶意图的人获得了作恶的工具等。在线社区的新型政府及管理也在第八章中进行了讨论。

最后，在第九章，我们对所讨论过的内容进行了总结，描述了一些正在涌现的趋势，以及在读完本书后，你将能够以更有见识的方式做出决策。

这本书没有涉及的内容

机器人。

对许多人来说，当想到人工智能时，他们会立马想到（有些天真但又有些害怕）机械化人类可能会在某一天与我们为伍。这可能会成为现实也可能不会，但若没有 AI 感知能力来引导机器人的行为，这些机器人就像是没有大脑的人。我们对于机器社交方面的描述也和机器人紧密相关；我们在第六章中讲述的技术对于机器人与人类以非人工方式进行互动是非常重要的。若没有我们所讨论的技术作为支持，机器人将漫无目的地活动，偶尔会与人类和其他事物进行互动——这并不是一个完美的想法。我们完全同意，掩盖在机器人的躯体和力学之下的研究领域非常令人心潮澎湃，并且许多书可以帮助你进行学习[⊖]，但本书的重点是认知 AI 领域即将到来的变革：在机器的思维部分，而不是机器的动作。

⊖ 例如，我们的出版商有一整套相关书籍，其中包含了该主题许多优秀的书，请参考 www. apress. com/robots-and-electronics/robots.

第二章 谁将会是你的下一位医生

正如我们刚刚探讨的，在海量数据、具有更大存储和更快处理能力的机器和基于网页的信息收集技术等因素的驱动下，一场人工智能的革命正在上演。这导致了开始全面影响信息技术领域的新功能的出现。我们可以看到，搜索引擎和社交网络赋予了人类（无论是专业人士还是普通人）在不同的场景下更方便地使用已有应用程序的能力。我们也可以看到，在类似健康、移动（交通和驾驶）、商业以及任何旨在帮助人们更具生产效率、更健康甚至更幸福的领域，也出现了一些应用程序。语音输入变得越来越普遍，已经从备受争议的基于语音的电话助手（“请说出您的 10 位识别码，以便我可以查看您的记录”）变成了您目前在手机上或者车子里使用的语音识别器，它能帮您搜索当地餐厅或者帮您找到最近的 ATM 进行取款。展望未来，我们会看到这类技术的持续发展，以及它们可能会给我们的生活带来更具深远影响的新方式。

在本章中，我们将探索一个技术正在并将继续对我们的生活产生重大影响的领域——医疗保健。

就医

让我们来考虑一个大多数人都很熟悉的例子：就医。目前，我们的医生主要使用计算机来做记录、诊断测试、计费以及开处方。但是这一情况正迅速被改写。2004 年，时任美国总统的布什颁布了一项政令，制订了在 2014 年之前实现全美电子医疗记录的目标。2009 年，美国经济和诊所健康信息技术草案（HITECH Act）被写入法律，目的是推动医疗卫生技术的采纳和有效使用。根据 2013 年《华尔街日报》的一篇文章[㊀]提供的统计数据，卫生专业技术人员以及私人可用的医疗应用已经得到了大幅增加。文章报道，装备医疗应用的个人移动设备（全球）数量从 2011 年的 100 万台增加到了 2013 年的接近 400 万台（并且这一数量在此后也得到了显著的增长）。

自从实施了 HITECH Act 法案，越来越多的医疗保健公司正在设计各种各样的通过访问个人健康应用程序来收集数据的方法，如从 Fitbit 或其他基于网络或电话的个人使用的健康应用中收集数据，或将收集到的数据用于集成到更大型的医疗应用中供卫生技术人员使用。此外，越来越多的人们开始从网上获取信息以帮助自己评估病情，从而决定是否需要就医。因此，我们逐渐开始看到这样一种新的趋势：医护组织开始向护理人员和患者提供关于哪些网站可被信任的信息，或提供它们自己的网页服务以帮助病人更好地了解自己的病情诊断及检测结果。随着这一趋势的加强，它们将把我们带向何方？

让我们考虑一下就医的过程。当你走进一个医生的诊室，行政人员或者将你的资料输入一个电子病例表（如果你是新病人）或者查找并核实关

㊀ Landro, Laura, "The Doctor's Team Will See You Now", Wall Street Journal, February 17, 2014.

于你的存档信息，包括你的名字、生日以及保险信息。一旦你进入诊室，护士会为你做一些常规检查，收集一些诸如体重、血压等方面的基础数据。当医生过来后，他会看一下数据库中关于你的信息，并对你的健康进行一个更加全面的检查。一般来说，检查你的医生不仅会从你对症状的描述中获取有用信息，他还会根据你的面容、音色、你发“啊”时她听到的声音以及许多其他方面来诊断你的病情。这是因为医生们通过多种多样的方式进行过学习。尽管他们已有大量的课本学习经历并记住了大量的医学知识（这对人类来说并不简单），他们在做实习医生和住院医师的时候也在实际病例上付出了很多精力。通过正规的教育以及累积的经验，他们对一般的患者及患者护理磨炼出了直觉。这实际上是一个人类擅长从经验中进行学习和人类记忆如何工作的很好的例子。

但现在医生正面临一个无法超越的挑战：新的医学知识每年都在增长。根据一些保守估计，2014 年科学期刊上发表了超过一百万篇的文章，其中占比最大的就是医学和生命科学领域。许多医生，特别是专家，需要了解最新的信息并参加各种会议。然而，当对病症和测试结果感到困惑而无法得出一个明确的诊断时，他们在一大堆文章中找到那篇能给予他们所需要理解的文章的概率有多大？而他们能记住在这篇文章中读到的关键内容的可能性又有多大？

这就是与 AI 相关的新兴计算机技术将会产生深远影响的地方。首先，计算机确实能够存储并处理这么多论文。由于 AI 技术的进步，它将变得越来越擅长从文本中提取信息，实现对其抽取内容在某种程度上的“理解”，并链接不同来源的信息，包括你的电子病历、医疗文献以及与医疗健康有关的博客及论坛上的讨论。这些先进的计算机能力如何及时地协助医生，并帮助医生评估某个独特患者的症状？如果你正在使用可穿戴设备或者个人应用程序来收集数据，到底需要与这些应用程序分享多少个人数据才能使得这项技术背后的 AI 推理代理运作起来？

智能计算机可能会成为你的下一位医生吗

让我们来看一个接受当今医疗保健服务的病人的真实例子（但将其简化了），然后思考，若使用下一代人工智能工具，它今后可能会为患者提供哪些服务。

考虑这样一种情况：一个以前身体非常健康的年轻患者，最近被诊断为贫血，随后恶化为一种看似直接相关的皮肤感染。随后，在短短几周内，他的临床症状迅速恶化，一个个器官相继衰竭，最后以死亡告终。尽管有最先进的重症监护服务，包括多个专家会诊，反复地在实验室测试，放射性检查和有创性诊断程序，但这种情况还是发生了。此外，患者是在美国最好的医院接受治疗。到目前为止，在医学上仍然无法解释这到底是什么原因。

在不探索这种医学现象具体细节的情况下，让我们看一下目前是如何处理这类情况以及 AI 技术在不久的将来可能会提供怎样的帮助。

如今的情形

许多情况（包括这里描述的医学情况）会涉及多个不同的利益相关者，通常他们都带着不同的目的。在这个病人的例子中，许多专家会诊试图找出到底哪儿出错了，每个人都专注于和自己的专业领域相关的症状及问题。这些专家可能单独工作并直接与病人家属进行沟通，或者与一位协调医师共同沟通；或者专家定期会面讨论，这取决于发生这一情况的机构和国家。即便是在后一种情况下（令人高兴的是，这种现象正在以团队护理的名义变得越来越普遍），时间仍然是争分夺秒的。此外，虽然医生通常可以使用自己专业领域内的专用工具与技术，但是他们对病人的实况调查往往是单独进行并记录的。如果所有的专家都隶属于同一个医疗健康机构，并且该机构拥有一个任何专家都有权限访问的电子医疗保健系统，医生们就可以在上面共享发布的测试结果以及医学注释了。否则，协作将会主要基于讨论，而不是基于共享的或者可视化的信息。

在许多案例中，会诊的这些医生中可能有一个或多个人碰巧发现了正确的诊断或治疗，然后患者就可以被治愈；但情况并非总是如此，例如前面那个年轻患者的情况。那么利用 AI 技术的计算机工具会创造不同吗？

不远的未来

让我们考虑这位患者的一个症状：皮肤感染。皮肤感染通常被视为“继发性诊断”。因此，很自然地，相较于患者的贫血以及逐步升级的器官问题，对于这种皮肤病问题的关注就会减少。然而，近年来，越来越多的证据表明，继发性皮肤感染与许多医学生理状况有关。事实上，讨论皮肤感染问题的医学论文数量在过去的十年里一度激增。PubMed 是由美国政府资助的用于收集对数百万篇生物医学、生命科学、医疗保健及相关领域文章进行引用和指向情况的免费搜索引擎。2016 年在 PubMed 上搜索术语“皮肤感染”，搜索的结果显示有超过 1500 篇论文（最早可追溯到 1905 年）明确地提到了该术语。然而，有一半以上的论文是在 2005 年之后发表的。这看起来好像并不是很多，但许多关于皮肤感染的医学论文可能没有使用该术语，而用其他术语代替：

- 对皮肤感染的具体方面进行描述所使用的通用术语，如痈疖、疡肿。
- 特定类型的皮肤感染有被大家所熟知的疾病名称，如丹毒、孢子丝菌病。
- 其他与病症情况的诊断或治疗相关的信息，如特定类型的检查和测试。

如果我们在 PubMed 搜索上述所有相关术语，搜索到的论文数量有成千上万，同样大多是近年来发表的论文。很有可能其中某篇文章能给该患者的医生提供及时诊断所需要的信息，并进行有效治疗。然而，对寻找该类病情信息的医生来说，当前可用的网络搜索工具给予的帮助并不是很理想。使用这种一般的搜索引擎常常会检索到非专业页面，如 WebMD 或者 Wikipedia 中的医疗页面。

医生们往往被鼓励使用专业的医学搜索工具，如 PubMed，来查询医学领域的专业文章，并且它支持更为复杂的搜索。例如，如果在 PubMed 上对“皮肤感染”进行初始搜索时添加“贫血”，那么搜索到的数量会下降到 100 篇左右。尽管这个数字还是很高，但是搜索引擎还是识别出了论文。对于医疗专业人士来说，阅读与该病情相关的全部文章资料会相当耗时，这还不包括他们同时在处理的所有其他患者的病情资料。

认知计算技术

在不久的将来，我们将会看到应用认知计算技术来帮助医疗专业人员（如帮助医生搜索或利用在线数据源）的系统的发展。一直以来，认知计算这一术语在不同领域以不同的方式被使用。它的一个定义是，认知计算系统是由研究者构建的试图模拟人类大脑推理方式来解决问题的计算机系统。这样的一个认知计算系统，当诊断我们的医疗问题时，会想要知道医生是如何考虑的，并使用这一知识来解决实际问题。

但在 2011 年，IBM 展示了一台名为沃森（Watson）的计算机在美国一档名为“危险边缘”的智力竞赛游戏中打败了两位世界上最优秀的人类选手之后，“认知计算”的另一个含义变得越来越流行了。与早期的专家系统（引言中所讨论的）不同，不是先将解决问题所需要的知识转化成计算机能理解的规则，沃森使用大量的网页资源试图对这一竞赛游戏中可能问到的许多事物进行直接推理（我们将在本书后面章节再次讲到沃森，并着重讨论它是如何工作的以及它为什么能够把这个游戏玩得很好）。

近来关于认知计算的工作把沃森的思路、认知计算的优势以及专家系统（也被称为决策支持系统）的一些想法拿过来，用于创造（用IBM公司的话说）“自然地同人类进行学习和交互来扩展人或机器所能做的事情”的系统。许多领域都在探索这一方法，不止IBM公司。一个得到大量关注的领域就是医疗保健。临床决策支持系统（专家系统的当下叫法）早在20世纪70年代初就被研发出来了，用于向医疗保健领域提供支持。一个早期例子是INTERNIST-I，它是匹兹堡大学设计的一个基于规则的专家系统，可用于内科复杂问题的一般诊断[一]。它通过医生输入的患者观察症状来推断并得出一个兼容性病情列表（它基于一个树形结构的、将疾病与临床病症关联在一起的数据库）。另一个例子是DXplain[二]。这一系统由麻省总医院的计算机科学实验室在1984年首次研发出来。DXplain使用一些输入的患者临床表现（体征、病症、实验数据），产生一个可能解释（或关联）这些临床表现的相关疾病排序列表。DXplain还会提供为何会考虑这些疾病的理由，建议确诊每一种疾病所需进一步收集的临床信息，还会为每一种特殊疾病列出其不常见或不同寻常的临床症状（若有的话）。DXplain的知识库中包括了2400种疾病和5000种症状。这个系统至今仍在使用。此外，AI正以各种方式被用于医疗领域[三]，基于AI的工具目前正被开发为帮助医生收集数据，并分析那些预计将从各种各

㊀ Miller, R., Pople, J., and Myers, J., "INTERNIST-1, An Experimental Computer Based Diagnostic Consultant for General Internal Medicine," New England Journal of Medicine, Vol 307, 1982 pp. 468 – 476.

㊁ www.mghlcs.org/projects/dxplain/.

㊂ Ramesh, AN, Kambhampati, C., Monson, JRT, and Drew, PJ, "Artificial Intelligence in Medicine", Annals of the Royal College of Surgeons of England, 2004, 86.

样实时监测设备中收集的潜在大量数据，这些数据很快即可被用于支持个体、家庭和医疗保健环境[㊀]。

不依赖于一个固定的知识库或受限于一般检索，在不久的将来医生就可以使用认知计算系统来输入患者的体征和病症的描述，就和今天所做的一样，计算机将会试着把患者的数据和来自许多数据源的可用信息关联起来，包括知识库、博客、聊天室、医生的注释以及前面所提到的数千篇论文。一旦发现可能是相关的段落，它就会针对某一特定病历来判断这些段落对医生可能有多大价值并依此进行排序，从而使医生了解最相关的信息。

现在的研究者们正在开发一个未来医生信息系统，它集成了上述技术。一旦输入患者信息，医生将会得到排过序的多个相关疾病的患病概率以及每种疾病的诊断理由。概率最高的几种诊断疾病可能与在医学院所学的或临床决策工具给出的结果类似。例如，在缺铁的情况下，贫血和某些类型的皮肤感染往往会同时发生。如果医生和机器的诊断结果一致，医生就会查看机器给出的资料。随着医生输入更多的信息，计算机就能通过这些信息来寻找医生可能没有看到的文献，并围绕医生向患者询问的问题给出建议。例如，计算机可能建议医生询问患者是否头痛。如果患者给出的答案是否定的，计算机可能会断定这种情况与缺铁症状的情况略微有些不同，但又不是那么罕见。如果患者对医生提及他现在更容易形成瘀伤，医生可能会认为这是贫血的常见症状，紧接着可能继续认为这些症状都与缺铁有关。

另一方面，当提供更多患者信息时，计算机可能发现瘀伤也是一种更加危险但相对罕见的白血病（红白血病）的症状。尽管贫血、皮

㊀ Daniel, Neill, “Using Artificial Intelligence to improve Hospital Inpatient Care”, IEEE Intelligent Systems, 2 (2013): 92－95.

肤感染和瘀伤这些症状都是这种罕见疾病的症状，头痛却不是。结果是，计算机开始提高这一罕见疾病的诊断概率，并且可能会稍微降低对更为常见的缺铁问题的诊断概率。计算机可能也会建议医生对患者进行额外的特殊检测，以得到使诊断结果成立的更多信息。

随着更多症状被发现，同时可能会有医学测试结果输入进来，计算机可能检测到更多指向白血病的证据，但也可能这并未改变缺铁的证据。它会导致计算机系统开始在医学文献中搜集更多关于这一罕见疾病的资料。让我们假设计算机发现了一篇发表于《美国临床病理学》杂志的题为“E-钙粘蛋白是红系分化的特异性标记，与 CD117 和 CD34 结合后可用于枚举造血系统肿瘤中的粒细胞”的较新的论文。这篇论文中的内容指出，一种特定蛋白与红白血病相关。如果此时在治疗中已进行过筛选检测并发现了这种蛋白，那么系统将会把红白血病提到列表顶端，并可能对医生发出警示，告知此项改变。医生可以通过单击“为什么”按钮来检查认知计算系统如何得出了该结论。因为系统记录了所有导向该结论的文章和数据源，所以它能给出得出这种结论的证据。提交给医生的理由可能包括下面的文章摘录：

在包括巨核细胞、红细胞、单核细胞和粒细胞分化等情况的 84 个 AML 病例中，所有 5 例急性红白血病的检测结果都是阳性的，还有一例表现出血型糖蛋白 A 的巨核细胞白血病也是阳性的。此外，我们阐释了，在那些左移红细胞增生可能会使成髓细胞的形态学评估恶化的 MDS 案例中，一组三种标记物：E-钙粘蛋白、CD117 和 CD34，可以有效帮助辨别其中的谱系特异性谱系成髓细胞。

该系统还会告诉医生这是最近报道的信息。为了证实计算机的建议，医生可以为患者做进一步检查或者将患者转诊到治疗红白血病更有见地的专家。在认知计算系统的协助下，病人症状的真正诱因会更早地被注意到，并且可能会为该病人带来一个不同的结局。

或者，让我们假设这台计算机发现了多篇意见不一致的论文：一些支持对贫血的诊断，其他则支持对红白血病的诊断。在这种情况下，系统可能决定通过强调这些候选诊断在体征和病症表现上的差异，找出支持每一种诊断的证明依据，并建议进行特定检查来确诊。

在一些相互矛盾的证明依据下，人类医生的知识和判断变得尤为重要。例如，假设系统推荐的检测很昂贵，有侵害性，或可能产生严重的副作用。在这种情况下，医生可能会选择缺铁的假设，然后开一剂在药店有售的补铁处方。然而，在知道仍然存在患有红白血病这一严重疾病的可能性的情况下，医生可能在最近安排一次复查或提醒患者如果某些症状出现应立刻回医院治疗。计算机在医学文献中发现特定知识与细节知识的能力，加上医生更为普适的知识、经验和判断，将为未来的病患医护提供一个更加强大的组合服务。医生在独立工作时可能忽略一个潜在的致命疾病，当发现时可能为时已晚。而计算机独自工作时可能推荐昂贵或者具有侵害性的检测。然而，两者结合起来工作，就能两全其美了：如果是常见疾病，患者就可以避免一些检测和情感创伤；但若能及早被诊断为红白血病，也将会避免最糟糕的结果，这要归功于计算机人工智能程序的介入。

从个体到网络

研究人员正探索将认知计算技术整合进入一个“诊断堂”，在这里医护人员能够从计算机获取信息并在一个协同环境下共同进行观察。图 2 - 1 显示了人们设想的这类工作的沉浸式环境。图中，一组医护人员正在检查一位患者的某些高清图片。这个屏幕让医护人员有了实时观察并深入探索他们的发现的能力。

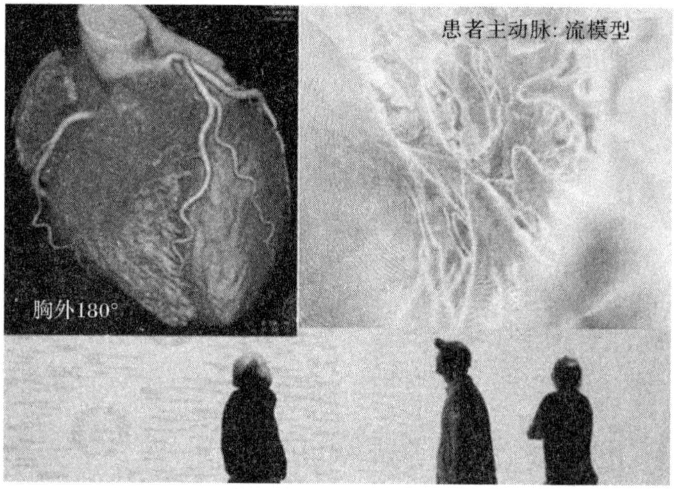

图2-1　一种未来沉浸式环境的仿真视图，在这里，借助认知计算，医护人员将能够协同探究患者的病情（在伦瑟里尔理工学院认知和沉浸式系统实验室的许可下共享）

这种技术的一个缺点是，它需要医疗团队同时聚在同一个地点进行工作。另外一种正在探索之中的能够提供相似功能的方式是借助基于网络的技术，它使得位于不同地方的医生能够使用一种远程通信的方式通过网络进行协同合作，共享图片、医疗记录等。新技术也在探索如何能让这些医生进行异步协同（即他们每个人能够在不同时间观察病况），甚至使用机器翻译技术来跨越语言障碍，这是另外一种正在逐步得到增强的AI技术。

简言之，我们距离AI技术成为计算机能够帮助这些团队或群体更有效地解决我们日常生活中面对的问题之关键手段的那天并不远了，到那时智能计算机将是为个人提供医疗保健服务的专家团队中不可或缺的一部分。

医疗保健领域的其他AI系统

除了使用认知计算技术来增强医护人员所使用的临床决策支持系统来支持患者诊断和护理之外，AI技术还会影响患者健康数据的收集及分析方式。AI正引起新变革的另外一个领域是图像分析。

对于许多疾病，一个重要的诊断程序（往往需要专业的训练）是查看 X 射线、超声检查、CT 扫描或核磁共振图像。例如，图 2－2 是一张乳房 X 射线图像，这种筛选检测常用于查找癌症。目前阶段，在通过图像判断是否存在肿瘤以及癌症发病程度[㊀]这些方面，人类要优于计算机。

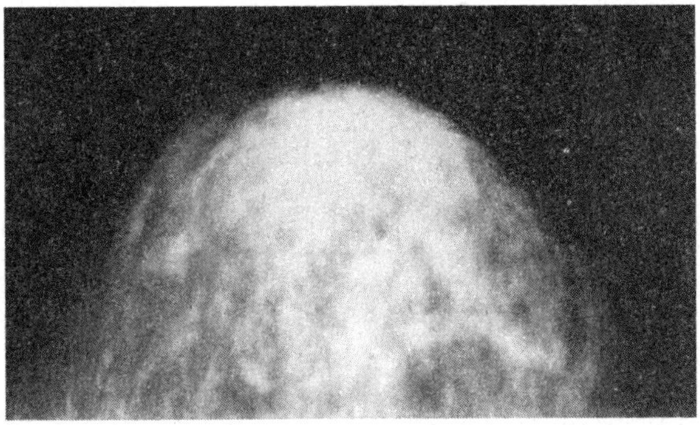

图 2－2　医生用于诊断是否存在癌症症状的乳房 X 射线图像

然而，在复杂的图像中，或者由更复杂的设备（如核磁共振）生成的图像中，甚至人类都难以识别其中的某些关键特征。例如，从非癌组织中辨别肿瘤是很难的，要确定一个肿瘤是良性还是恶性则更难。因此，在医学信息学中一个重要的研究方向是研发专用软件来辅助这种复杂分析（其中可能包括对 AI 技术的使用；例如，见 www.med-ai.com/index.shtml）。举例来说，AI 技术目前正被用于帮助医生交互式地对肿瘤进行识别和分类。如果一名医生在图像中发现一处可疑区域，AI 系统可以通过各种技术搜索出可用的相似图像，并为医生提供和这些图像具有相似图像特征的病例都是如何进行治疗的信息。

㊀ Parmeggiani, D1, Avenia, N., Sanguinetti, A., Ruggiero, R., Docimo, G., Siciliano, M., Ambrosino, P., Madonna, I., Peltrini, R., Parmeggiani, U., "Artificial intelligence against breast cancer (A. N. N. E. S-B. C. -Project)", Ann Ital Chir, 2012 Jan-Feb; 83 (1): 1－5.

社交媒体以及趋势分析

许多公司，无论大小，都在探索他们是否能够使用人们的线上行为以及通信来预测现实世界中的情况。例如，自从 2008 年以来，Google 一直在探索能否根据来自全世界的用户搜索记录来追踪甚至预测疾病的发生。这个搜索公司展示了他们对两种疾病的成功追踪：流感和登革热[一]。图 2－3 展示了 Google 流感趋势网站，它能够根据流感暴发地的人们进行搜索时使用的一组关键词来预测流感发病率。在流感趋势网站上，提供了国家、州、市的流感发病率，让医生（或者患者）能够更准确地推测某人的症状究竟是流感还是其他一些原因引起的。尽管该网站不再根据搜索模式发布目前对流感和登革热的估计数据，但它还在继续提供由 Google 流感趋势和 Google 登革热趋势网站产生的历史估计数据。

虽然 Google 已经明确表示自己没有拓展这一技术在上述两种疾病之外的应用的计划，但是许多其他公司正在通过社交媒体源，如 Facebook、Twitter 以及其他海外同类网站，来了解从购买行为到健康状态等所有方面的趋势走向。AI 技术正被这些公司以众多方式进行使用以帮助提取并了解数据。例如，一些公司使用自然语言处理技术来阐释社交媒体上发布的内容，而其他公司则正在探索如何使用社交媒体的情感分析来理解人们所发布的内容[二]。目前的结果表明，使用 NLP 或者情感分析有助于区分“我感觉很好”和“我感觉很不舒服”，这成为追踪健康趋势时一个十分重要的关键点。

[一] Eysenbach, Gunther, MD, “Infodemiology: Tracking Flu－Related Searches on the Web for Syndromic Surveillance”, AMIA Annual Symposium Proceedings, 2006; 2006: 244－248.

[二] Agarwal, A., Xie, B., Vovsha, I., Rambow, O., Passonneau, R., “Sentiment analysis of Twitter data”, Proceedings of LSM'11, Association for Computational Linguistics, Stroudsburg, PA, 2011, pp 30－38.

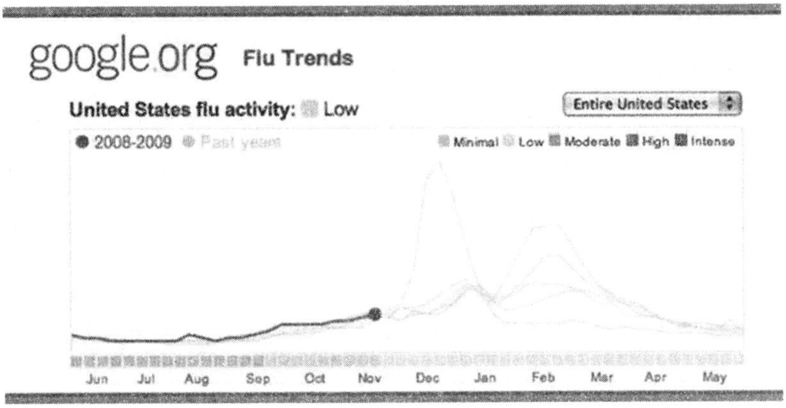

图 2-3 Google 流感趋势图（www.google.org/flutrends）显示：Google 是如何通过对近年来搜索关键词的追踪来报告流感趋势的

不幸的是，社交媒体源分析要比看起来难得多。假设有人发推文“我的医生让我服用阿莫西林。我感觉好多了#并没有”，尽管“#并没有”的标签清楚地表达了“感觉好多了”实际上是讽刺，但如果去掉标签，我们就无法推断这句话的真实含义。

当前系统通过耦合机器学习与语言分析技术来解决这个问题。然而，为了取得更好的效果，这些技术需要收集大量人们打过“标签”的示例，这意味着人们需要清楚地表现出情绪和讽刺等特征。一旦计算机拥有了这些额外的标注信息，已有的研究结果表明，它们便能更准确地关联大量数据以找出具体文字所代表的特征，并使用这些结果来分析新的数据集。

除了情感分析，AI 系统正在使用一种组合训练（利用人工手动输入模型、标注数据等）和各种自动学习技术来考虑其他语言特征。其中一个例子是要确定哪些推文或状态更新能最好地预测某个特定地理区域正在发生的潜在健康问题。一个正在探索之中的更为错综复杂的用途是设法确定携带特定健康问题的患者，并考虑对于特定的地理区域，什么样的药物或治疗手段是最有效的。通常，当地的条件（简单的如天气，复杂的如空气中特殊的过敏源）会对疾病的治疗产生巨大的影响，而知悉这些特殊情况的医生的表现将会优于无法获知此类信息的医生。

尽管语言技术可能会对医疗保健非常重要，但即便是要让计算机系统在很简单的水平上理解语言都是很难的。尽管已有多种举措来开发并标准化医疗词汇，而且这将使得未来的 AI 与自然语言技术能更好地解读文本，但全面地阐释与理解对人工智能来说仍是一个重大的挑战，也是我们展开探索的一个重要方向。我们将在第五章讨论机器在处理人类语言方面所面临的一些挑战。

基于互联网的医疗保健应用程序

利用 AI 技术的基于互联网的医疗保健应用程序正在开发中，旨在帮助用户做出更好的与健康相关的决策。其中一些应用程序能帮助患者找到相同或相似情况的病友，其他应用程序能帮助人们更好地利用网络上广泛的医疗资源。例如，一个名为“Patients Like Me”的网站（www. patientslikeme. com/）提供了一个社交网络论坛，它能让更多的患者通过指定一个描述病情、病症或者治疗的搜索查询来寻找那些正在遭受相同或相似健康问题折磨的人们。该网站非常努力地维护良好的信息，截至 2015 年年中，已有超过 325000 名会员在线上讨论了超过 2500 种医学状况。此外这个网站还提供通往从该网站收集的数据受益的医学研究的链接。另外一个网络工具，阿尔茨海默氏病协会的网站（www. alz. org/），也是一个维护良好的网站，旨在帮助患者、看护人员、想了解此病的人们。该网站还针对不同地理区域提供专门的网页。

即便有这些设计良好的网站，也可能很难找到最相关的信息。例如，一些治疗方案只适用一种或另外一种生物性别。某些方案可能有许多不同的名字，使得很难追踪辨识人们所讨论的是否是同一种疾病。还有许多包含大量可变因素的治疗，导致治疗效果各不相同。所有这些例子都是将认知计算应用到个人层面上时可能会产生的潜在重大影响。然而，不同于以上描述的医学诊断，这里的 AI 技术主要致力于帮助人们找到与他们自己病情最相关的信息，也许可以作为一种更好地了解他们的病情或产生要向他们的医疗服务者咨询的问题的方法。

不幸的是，个人在搜索医疗相关信息时发现的许多网站都没有信誉。医疗诈骗和“假冒药品”无疑早于网络出现，但网络易于访问的特性加上人们在判断可靠性信息方面的困难，使得基于网络的医疗保健网站成了无知患者的一大潜在危害。医学界很清楚这个问题，并且正在提供工具来帮助医生、护士和患者评估网站的准确性和可靠性[一]。例如，网络健康基金会（Health on the Net Foundation，HON）[二]这类的医疗网页评估工具，可用于帮助患者和医疗专业人员评估网站及其提供数据的可靠性。此外，一些医疗保健提供者们开始审查相关网站或者向患者提供自己的网站。

尽管能将患者导航到可用网页信息的 AI 系统正在探索之中，但期望一台计算机将其搜索范围限于可靠网站是不切实际的，因为即便是人类也无法就哪些网站最具权威性而达成一致。例如，在健康领域存在着大量所谓的“灰色文献”。这些网站，例如前面提到的“Patients Like Me”网站，允许遭受各种疾病的患者分享哪些治疗对他们有作用或没作用并相互推荐。许多人表示他们在这些网页上发现了非常有用的技巧，帮助他们通过了化疗或者其他痛苦的医学治疗，但仍然有许多医疗专业人士担心其中的一些建议对某些病人来说可能是一种禁忌。然而，AI 技术可被开发为接入式医疗网络评估工具，并使用它们来决定什么数据能被反馈给医疗提供者和病人。当问及一种潜在的治疗是否有用时，这些技术将向用户提供一个呈现

[一] NIH,“Evaluating Internet Health Information: A Tutorial from the National Library of Medicine”, www.nlm.nih.gov/medlineplus/evaluatinghealthinformation.html, 2016.

[二] Health on the Net Foundation, Health Website Evaluation Tool, www.hon.ch/HONcode/Patients/HealthEvaluation Tool. html, 2016.

不同意见的网站的列表。计算机不会尝试去判断其正确性，但它会提供一个可信度评级或使用特定的权重因子来帮助人们评估列表中的每一个网站选项。一般来说，系统的目的是让计算机来总结备选项，并让人们选取最佳选项。在这里，我们再次看到，组合了人类的判断和计算机的能力所产生的价值。

个性化的（医疗保健）应用程序

将医疗保健与广泛的移动应用进行结合的另外一个新兴领域是个人设备。各种各样的活动追踪器已经被研发出来并投入市场，它们可用于记录人们行走的步数、消耗的热量、心跳、睡眠质量等。用来监测患者的某种疾病（如自闭症[㊀]）的专业工具也已被研发出来。在某些更加重要的医疗情景下，植入的医疗仪器诸如起搏器或糖尿病泵能被用于监测并维持患者体内的稳定性。这些技术的成本正迅速下降，并且越来越多的此类应用正开始出现在智能手机甚至是新的“智能手表”上。这些工具的便捷使用正迫使许多医疗保健组织建立标准化和可互操作的制度与方法，使得通过个人途径收集上来的数据能够更有效地被医疗专家们使用。

这些技术面临的另外一个问题是，他们目前面向的是“一般”用户。例如，一个计步应用程序通常会告诉用户他们应该每天走 10000 步。但是这一步数会像适用于一个 80 磅的小女孩那样适用于一个 200 磅的中年男子吗？一个经常做运动的人相比于很少做运动的人来说是需要更多的步数还是更少的步数呢？AI 技术能否更好地将这些应用程序个性化？

考虑到人与人之间的差异，很明显，我们需要的不是平均。当然，我

㊀ Fletcher, R. , Dobson, K. , Goodwin, M. , Eydgahi, H. , Wilder-Smith, O. , Fernholz, D. , Kuboyama, Y. , Hedman, E. , and Pho, M. , “iCalm: Wearable Sensor and Network Architecture for Wirelessly communicating and Logging Autonomic Activity”, IEEE Transactions on Information Technology in Biomedicine, Vol 14, No. 2, March 2010.

们需要从各个属性（年龄、体重、健身水平等）中选择并确定，哪个属性最合适某个个体用户并进行交流传播。机器学习技术，一个我们将在后面的章节讨论的话题，可被用于判定哪些因素是哪些结果的最佳预测因子。考虑这样的情况，如果一个应用程序说，“每天步行 30 分钟会明显改善你的呼吸问题”，或“每周游泳而不是跑步 2 天将有助于缓解你的膝盖疼痛。”对于不同用户提供不同建议时，他们会如何改变自己的行为。在 AI 系统的帮助下，整体的效果会更好，因为你得到了个性化的建议，而不是那些可能会很难坚持或看似与你的情况无关的一般性建议。

此外，医学界意识到一个人的健康有多个维度：身体上、情感上、心理上和社会上的。虽然本章中的大部分讨论都集中在 AI 工具如何支持个人的身体健康，但也有一些关注个体社会健康的工具正在被开发。一个在近来还算成功的工具是自助虚拟老年中心（Selfhelp Virtual Senior Center, www. selfhelp. net/），它为“宅”在家的老年人提供在线服务。另一种做法是将智能技术引入养老院和私人住宅，使人们能够继续独立生活，但也能得到合理的照顾。另外，在养老院为患者提供支持（如当他们接受物理治疗时）的机器人技术，正被广泛地研究，并可能会被用于帮助大量的老年人。随着 AI 技术正在增强机器人与人类使用自然语言、姿势等方式进行交流的能力，这些机器人正变得更具吸引力。

因此，谁将会是你的下一位医生

本章展示的基于 AI 的医疗保健计算功能的例子，旨在解释 AI 技术如何能够支持并改善当前的医疗护理。一般来说，基于 AI 的医疗保健技术正朝着“认知助手”这个方向进行研发，而不是要取代医生、护士、患者或者医疗团队作为决策制定者的角色。在目前有限的关于这项技术的使用研究中得出的结果表明，在面向同一个任务时，使用基于 AI 系统的人类，比使用非基于 AI 技术的人类要表现得好。

在下一章中，我们将更加仔细地说明是什么导致了人类与计算机在“思考”以及各自的关键优势上的差异。我们将更详尽地研究本章中所描述的技术，以了解它们如何工作及它们最擅长的是什么。之后，我们将探索人类与计算机如何一起工作来创造强大的社会机器，并帮助我们解决作为人类所面临的最困难的问题。

第三章
我们玩的游戏

在上一章展示的医学应用场景中，你会看到人类所擅长的事情与计算机所擅长的事情是不同的。在本章中，我们将对这点进行更加细致的探索。特别是，我们希望着重强调人类认知能力的闪光之处，描述计算机最为擅长的领域，并介绍一些近年来涌现出的计算机正在模糊其与人类能力差异的领域。为此，本章将围绕玩游戏这个领域展开探索，很明显能看到近年来计算机在这一领域所取得的进步，同时探索了一些计算机还有很长一段路要走的领域。

显著的差异

人类与计算机之间存在许多差异的事实似乎是显而易见的。我们认为人类是风雅的、感性的、有直觉的且具有创造性的。相比之下，我们倾向于认为计算机是机械化的、没有情感的、计算式的且是重复乏味的。我们因自己是人类且具有认知和意识而自豪，同时认为计算机是没有灵魂且唯我的。“我们”，从本质上来说，是美学家；“它们”是没有生命且程序化的。

尽管有这些看似显而易见的差异，但深究起来，却很难界定是哪些特质使得我们之所以为人，而我们感觉到的与计算机的那些差异，有哪些是真的。举个例子，当谈到有情绪的时候，我们讨论的是一种如此理所当然的与世界进行交互的方式，以致我们并没有其他词语来解释它。如果你的手机告诉你“今天我为你感到很高兴”，你会怎么想？大多数人会说，它并没有感受到情感，而更偏向于一种机械化地模仿。但如果它在一种适当的时机下说“今天我为你感到很高兴”呢？这在当前的技术领域内是可以实现的。我们中的大多数人都不会认同计算机在任何意义上能感受到快乐的观点，但如果是一个人对你这么说，你会认为这是理所当然的，而且认为他能够理解快乐是什么。

这种不知缘由的我们就“知道”什么是人、什么是机器的见解看似令人信服，但实际上是非常难以判别的。当机器接手了物理任务，并逐渐被编程为模仿人类行为之后，这点就变得很明显了。当机器使用存储在卡片上的指令被初始化为执行编织机、缝纫机或者其他人类已经做过的程序时，它们仍被看作是机器。然而，这些早期的自动化系统确实引起了人们对于现代 AI（后面我们会在书中谈到这点）的一些担心：机器变得太过聪明或“像人似的”，引发人类失业，导致工厂瘫痪。

当数字计算机面世并且机器的计算被封装在其内部时，人与机器能力之间的差异变得愈加不清晰了。随着计算机开始被编程为执行那些原来需要大批人员来完成的任务时，关于机器是否会在某天获得智能的问题出现了。“人工智能”（Artificial Intelligence，AI）这一术语，大概是在 20 世纪 50 年代中期（往往被认为是 1956 年在达特茅斯学院举办的一个研讨会上）提出的，但关于机器智能的讨论已经持续一段时间了。

实际上，自那以后，一直都有许多关于什么是智能以及 AI 的“哲学体系”的争辩。围绕这一争辩主题出现了大量的关于意识、警觉和情感推理等方面的相关文献。这些文献描述了很多人类与生俱来的行为并对比了机器的能力和人类的能力。但也有数量不少的哲学家，他们明确了探索机器智能将意味着什么，以及这在某些深层次上是否甚至是有可能的。

在许多争辩的中心都提到了一个关键且颇具影响力的想法，该想法由一位出身英国的博学多才之士阿兰·图灵于 1950 年所写的一篇文章中提出。文章题为“可计算的机器及其智能”（Computational Machinery and Intelligence），开篇即讨论了一个问题：“机器能够思考吗?”由于思考太难且无法进行定义，图灵在文中提出了一种被称为“模仿游戏”的东西，他声称这与思考几乎是等价的：如果一台计算机能够通过“模仿游戏”，我们就必须认为它在某种程度上是智能的。“通过模仿游戏”这一概念后来对争辩 AI 哲学体系的那些人和在 AI 这一正在形成的领域中进行研究的人都变得非常关键，以至后来人们开始称之为“图灵测试”。

基础的模仿游戏，通常的定义是很简单的：一个人与隐藏在屏幕背后的一个会话伙伴进行交流。这位伙伴可能是一个人也可能是一台机器。如果在会话的最后，这个人无法判断自己是和一个人还是和一台机器在进行交流，那我们就说这台机器成功地愚弄了这个人并且赢得了游戏，也就是通过了图灵测试。这看起来非常直观；图灵本质上是对人类语言在几乎任何话题上的交流能力赋予了特权，令它成为智能的一个明确的指示器。

值得注意的是，真正的模仿游戏，这一首先由图灵在文章中定义，后来又经图灵在他的讲演中进行了阐释（其中包括在英国广播公司电台进行的一次关于该主题的辩论演说）的概念，是存在一些微妙之处的。其中一点就是，图灵知道计算机将会假装成它所不是的某个身份；因此如果人类不这么做，那么这就是不公平的。因此，图灵本质上提出了，参加测试的人将假装他是另外一个性别的人，而计算机将模仿这样一个假装是其他性别的人的人。换言之，就像计算机可能不知道人类的样子是怎样的，一个男人很有可能不知道一个女人的样子是怎样的。所以，当计算机需要基于它所认为的人的样子（假装的另外一个人）来设想它的答案时，参加测试的人也将需要设想另外一种性别的人是什么样子。

图灵所强调的另外一点微妙之处是哪些内容是可说的。在采访中，他被问到计算机是否会死去。他以肯定语（注意人类在这点可以做得很好）进行了回答并指出这可能是图灵测试中非常关键的一点。实际上，该测试假设，这台计算机知道它要模仿一个人，因而会有意地做错一些事情。例如，当被要求执行一个复杂的数学运算时，该计算机可能希望或者直接给出一个错误的答案，或者说一些类似“这太难了”的话，尽管实际上它可能会知道答案。

这些年来，人们提出了许多图灵测试的变体。例如，图灵并未具体指明会话应持续多长时间（尽管据他在报告的某个地方所说的，他认为 20 分钟可能已足够）。他同样不想对可讨论的话题做任何限制。然而，图灵测试的受限形式：即设定特定的时间或话题，已有实施。让一台计算机花费少部分时间来讨论某些特定的内容（像是玩板球或棒球）似乎会加深我们的印象，但我们可能并不希望声称这台计算机真的展现了智能，更不用说展现意识或自我意识了。

另一方面，图灵假设会话参与者通过打字进行交流。随着计算机有了声音，逐渐出现了这样一个问题：语音理解是否应该算作测试的一部分。特别是随着计算机视觉和机器人学的出现，有些人争论到，识别物体的能力或操纵物理世界中事物的能力对图灵测试来说也是必要的。“完全图灵测试”这一术语大概在 2011 年[㊀]被提出，它基于研究者斯泰万·哈纳德

㊀ Oppy, Graham and Dowe, David, “The Turing Test”, *The Stanford Encyclopedia of Philosophy* (Spring 2011 Edition), Edward N. Zalta (ed.), http://plato.stanford.edu/archives/spr2011/entries/turing-test/.

（Stevan Harnad）在20世纪90年代早期发起的一个提议，哈纳德指出，目前尚不清楚仅使用语言（输入文本）来衡量智能对于一台计算机来说是否算是一个充分的测试。

尽管提出了许多变体，但大部分研究依然专注在原始的模仿游戏上，并且在我们写这本书的时候，尚未有一台计算机通过测试。2014年出现的关于一台计算机已经通过图灵测试的声明是基于一种误解；这台计算机通过了其中一种形式的受限图灵测试，并且实际上，仅愚弄了大概30%的裁判。这是一个令人印象深刻的壮举，但依旧不是一次真正的成功。

实际上，关于一台计算机是否能够赢得模仿游戏的这个问题似乎一直以来都没有什么共识。一些研究者认为成功是唾手可得的，其他人则认为这完全不可能。不管你相信哪一方，不容忽视的是这一20世纪50年代的想法一直到现在都在对人工智能领域产生着巨大的影响。

尽管这些哲学想法都非常有意思，但在一定程度上，它们也很容易被忽视。在20世纪70年代的一次讲演中，被认为是AI领域开创者之一的赫伯特·西蒙（Herbert Simon）教授认为，探讨以上事宜而不考虑它们的实际可操作定义并不是一项有价值的追求。如果我们仅探讨一个计算机是否能完成某项我们不能定义的事情，例如“感到悲伤”，那我们该如何知道自己是对的还是错的？西蒙指出，找出能回复上述问题的模仿游戏的例子，会有意义得多。有些行为是很容易被测量的；例如，一台计算机下国际象棋或其他“有输赢”的游戏时会表现如何，是很容易通过它与人类进行游戏对抗时的表现测算出来的。其他想法，例如情感，西蒙指出，需要某些类似的定义。例如，如果我们能区分一个悲伤的人所说的话和一个快乐的人所说的话，那我们就能判别一台计算机是否可以通过适当的编程实现情感体验。

值得注意的是，西蒙接着提出，讨论“可实际操作”的事物，例如玩一场游戏、策划一场旅行，或解决一个复杂的问题，而不是探讨如情感这种内部状态，是更有意义的。他指出，我们首先需要先让计算机能做有用但往往对人来说很难的事情，再把一些更哲学的争论留到后面讨论。

在本章余下的内容，我们将遵循西蒙的建议。通过理解计算机“在当下”能做到最好和人类“在今天”能胜过它们的事情，我们将能够在无须涉及更深层次的哲学问题的前提下，更好地理解两者各自的表现最佳之处。

一个可能在实际操作上对比人类和计算机表现的领域，正如上文所讨论的，是玩游戏。这是一个很好的探索领域，因为在当下有许多游戏是人类比机器表现得好，但在其他一些游戏中机器已经成了冠军（甚至在某些难以令人置信的领域）。

计算机下国际象棋

与人工智能相关的棋盘游戏中，最著名的可能就是国际象棋了。从技术上来说，国际象棋具有以下特质：

1. 它是一种完全信息博弈：游戏由两名玩家参与，每个玩家在任意时刻都能看到全部信息，因此这其中不存在“隐藏”信息。我们将它与一种不完全信息博弈进行比较，例如一种一名玩家不能看到另外一名玩家手上的牌的卡牌游戏。

2. 它是一种零和博弈：这是一个技术术语，用来表述游戏的局面只能是对一方有利且对另一方无利的简单概念。大多数常见的游戏，特别是那些人们轮流对弈的棋牌游戏，都是零和博弈，但也有一些情况是某些走法对双方的玩家都有利，特别是在涉及团队参赛或者当玩家参与对抗的游戏并不存在一个明确的“输赢”性质的情况时。

3. 它是一种确定性博弈：其中不存在“运气”。这是那种不存在掷骰子、洗牌或其他能在游戏中引入随机性因素的游戏。

所有这些特质使得解释计算机如何玩游戏变得简单了，但国际象棋中存在一点使它更易吸引我们对其进行审视：这是一项在人类历史上流传已久的游戏（国际象棋的变体早在公元4世纪已经为人所知，而这一游戏的现代玩法到现在已有大约500年的历史了）。实际上，在早期的人工智能研究中，当程序人员开始将探索国际象棋作为一个挑战时，许多人认为计算机根本不可能会赢。

忽略早期声明的一些机器——这些往往被证明是骗局（实际上是有人藏在机器之中玩这个游戏），人类第一次对会下国际象棋的机器的现代探索与数字计算机的发展几乎是在同一时间起步的。许多知名的早期计算机科学家，像是诺伯特·维纳（Norbert Wiener）和克劳德·香农（Claude Shannon），都曾写过如何制造一台会下国际象棋的计算机的文章。阿兰·图灵，正如我们在前面的内容所讨论的，被认为研发了第一代可以下完一整盘象棋的程序（在他写于1951年的文章中有描述）；然而他的程序只是“纸上谈兵”，因为当时并没有任何可用于运行该算法程序的计算机。

随着一些新算法的发展（这些我们将在后面讨论到），到了20世纪50年代末和60年代初，出现了一大批早期机器，开始玩一些可靠的游戏。1957年，卡耐基技术研究院（现卡耐基－梅隆大学）预测：一台能够打败世界国际象棋冠军的计算机将在十年内出现。但他们错得相当离谱！

然而，就在十年之期将至之时，一位MIT（麻省理工学院）的学生，理查德·格林布莱特（Richard Greenblatt），写了一个名为Mac Hack-VI的程序。因为Mac Hack-VI表现良好，它通常被认为是第一个重要的计算机国际象棋程序。到1967年年末，Mac Hack-VI参加了波士顿业余象棋锦标赛，成了第一个在锦标赛中对抗人类并赢得比赛的程序。到20世纪70年代末时，这个程序已经能够以人类锦标赛中一般选手的水平进行比赛了。

这段时间也发生了其他几件关于人类和计算机象棋对弈的有趣事件。1965年，哲学家休伯特·德莱弗斯（Hubert Dreyfus）写了一篇名为“AI与点金术”的文章，文中他提出了数字计算机永远不会获得智能的观点，并反对了关于计算机终有一天将能打败人类世界冠军的预测。实际上，他说道，一台计算机将永远不能打败一个有着十年国际象棋经验的选手。受到这一挑战，MIT的团队向德莱弗斯本人发起了一场国际象棋比赛挑战的邀请，这正好发生在1967年。据说这是一场势均力敌的比赛，但最后德莱弗斯还是输了。在德莱弗斯出版于1972年的一本书里，德莱弗斯在他已发表文章的基础上，将其观点更正为一台计算机永远也不能打败一个人类冠军。关于这点他也错了，正如我们即将看到的那样。

在接下来的20年里，计算机持续获得进步，尽管它们经常会打败人类玩家，但当时的世界冠军还是人类。1968年，一位国际象棋大师打了个赌，声称十年之内他是不可能会被一台计算机打败的，并提供了一些现金作为赌注。1978年，他同一台世界上最优秀的计算机象棋选手进行了对弈，他赢得了比赛并证实了他的判断。然而，据说比赛之后这位大师说道，过不了多久，计算机就可以和他的水平不相上下了。关于这点，他又说对了。1981年，一台名为克雷·闪电战（Cray Blitz）的计算机——之所以如此命名是因为它运行在一台名为克雷的超级计算机上，成为了第一台在国际象棋锦标赛上打败人类大师的计算机。

计算机技术在20世纪80年代和90年代继续得到发展，而在20世纪90年代中期，IBM决定接受计算机下象棋的挑战。他们将自己的一些计算机改造为专门下国际象棋的机器，并研发了一款名为深蓝的程序，1996年时这台机器开始下得比较好了，所以IBM向世界上最为优秀的一位选手——国际象棋大师加里·卡斯帕罗夫——发起了一场锦标赛挑战。在一场总共六局的比赛中，卡斯帕罗夫输了第一场比赛，但随后赢了三场并打平两场，因此获得了比赛的胜利。

1997年，使用一台基于对卡斯帕罗夫的许多下棋数据进行训练的更加强大的计算机，IBM 的团队准备好了再次发起挑战。在一场世界瞩目的比赛中，卡斯帕罗夫赢得了第一场比赛，输了第二场，随后连续打平三场，并带着悬念进入了最后一场比赛。在那场比赛中，深蓝赢得了一场决定性的胜利，并成为了第一台在锦标赛中战胜世界级大师的计算机。有史以来第一次，世界上最为优秀的国际象棋玩家成为了一台计算机。

比赛后 IBM 就报废了“深蓝”，但人们持续研发出新的且更好的计算机象棋游戏。卡斯帕罗夫继续与其中的一些机器进行挑战赛，其中包括一场奖金为 100 万美元的与计算机进行对抗的电视直播赛。在全世界几百万人的关注下，这场比赛以和局结束。自此以后，计算机仍在持续进步，象棋比赛算法也是。

如今，计算机很少会输给最优秀的人类选手了。现在，甚至不需要最快的机器就能做到这点。例如，2009 年，一个运行在手机上的名为口袋·弗里茨（Pocket Fritz）的程序赢得了一场重要比赛，使得自己赢得了一个比深蓝更为靠前的排名。今天，因为计算机的棋下得太好，大多数的人类象棋锦标赛都不允许它们参加；而且，今天是计算机，而不是人类，是无可争议的世界象棋锦标赛冠军了[一]。

在接下来的这一小节，我们将探索计算机博弈的一些基本要素，以及计算机如何能够下国际象棋。然而，我们首先从一个更加简单的游戏入手。

简单的开始：井字棋

要理解计算机如何下国际象棋，首先从一个编程人员的视角来看待玩游戏是十分重要的。在我们探索计算机下象棋之前，让我们从一个更简单

㊀　稍后在本章中我们将会研究一种非比赛性质的下法，其中人和/或计算机以组队的方式进行比赛。后面我们将会看到，对这种空间中的比赛的分析在一定程度上更加复杂。

的游戏开始：井字棋的游戏（又被称为圈叉游戏、进攻和防御或者三连棋）。这是许多小孩子在成长过程中学会的第一种游戏。棋盘是一个三乘三的方格，如图 3－1 所示。

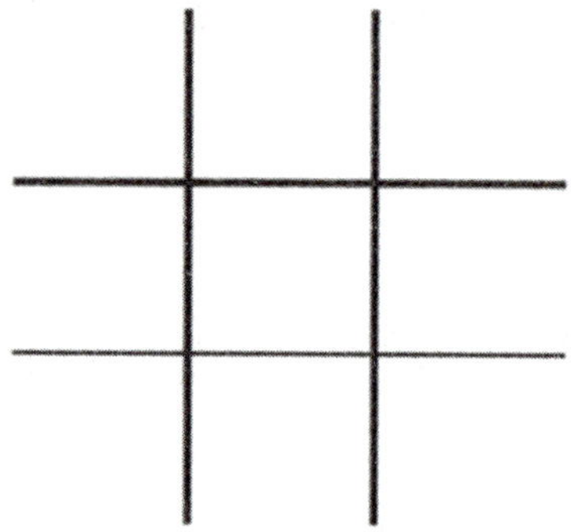

图 3－1　井字棋游戏的空（初始时）棋盘

先走的一名棋手，把 X（叉）放到棋盘的一个位置；另外一名棋手把 O（圈）放到格中。每个棋手轮流向棋盘中增加 X 或 O，当有一名棋手在水平、竖直或对角线上得到三个连起来的棋子时，他便赢得了比赛。当棋盘被填满时，如果没有棋手可以使自己的三个棋子连起来，那么就是平局，没有一个棋手赢。如果战略适当，所有的比赛都将导致平局，这就使得井字棋成了一个常用于解释如何玩棋类游戏或教导少年儿童什么是轮流比赛的游戏，而不是一种挑战赛。

尽管对于一台计算机来说，井字棋通常不被认为是一个具有挑战性的问题，但我们可以通过仔细地观察这个游戏是怎么玩的，从中学到许多关于计算机如何博弈的内容。如果我们并不在乎成功或失败，只观察落子的序列，我们就能看到：在第一步，X 有 9 个可以移动的地方，O 的响应可以是剩下的 8 个空格中的任何一个（除了 X 已落子的那个），因此 O 有 8 种响应方式。然后 X 就剩下了 7 种走法，再然后 O 有 6 种走法，逐一类推。如果我们忽视输赢的问题，那就总共有 9 × 8 × 7 × 6 × 5 × 4 × 3 × 2 × 1 种可能的走法，因此，它的完全树（包含任何一种合乎规定的棋局）大概有362880种可能的走法序列。

然而，如果看得更仔细一些，我们会看到这种游戏实际上比以上描述的更简单一些。游戏中存在许多对称的情况，因此X实际上只有三种走法：走到一个角落上，走到边上一个非角落的空格里，或者走到中间。取决于第一个棋手的走法，第二个棋手会有更多的选择。如果X落在中间，那么O就可以走到角落或者非角落的边上，因此O只有两种选择。如果X落在角落的空格中，那么O就有5种走法，而不是8种；当我们删除对称性且X选择一条边时，O仅有5种非对称的选择。因此，井字棋的前两步并不是有72种走法，现在我们有3种可能的第一步走法，然后是2+5+5=12种可能的第二步走法，多么显著的一个进步！（图3-2显示了所说的这些可能的走法）。更进一步，在走了几步之后，某些棋局由一个玩家或另外一个玩家取得胜利了，那这些游戏在棋盘被填满之前就结束了。实际上，当考虑对称性以及输赢时，井字棋实际上只有138种可能的情况，而不是像之前我们算的共有362880种。

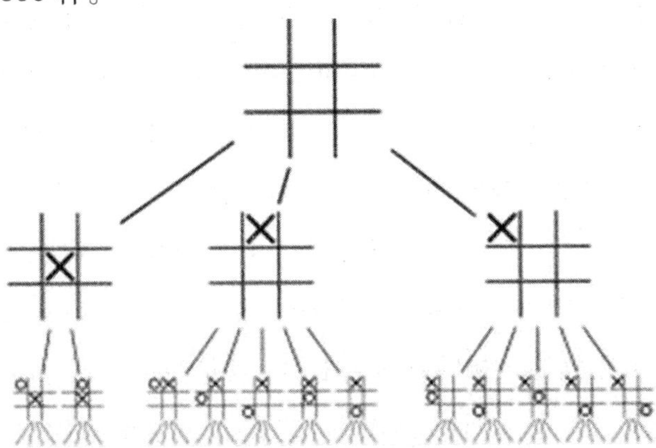

图3-2　考虑对称性时，井字棋的前两步走法

（取自：https://en.wikipedia.org/wiki/Tic-tac-toe）

分析这样一个对人们来说很容易上手的井字棋游戏，可能看起来有些因循守旧，而且这远不是我们想要知道的一个简单游戏，但是理解这样一个简单的游戏有助于我们认识一些传统的用于编码计算机并使之玩游戏的核心想法。

首先，我们看一下我们能够使用的向计算机来表示游戏状态的“结构”。如果我们再次看图 3－2，可以看到，该游戏能被视为一棵树，第一层是初始点，第二层是第一步（X）走完之后的棋盘局势，再下一层是 O 走完之后的棋盘局势，以此类推（在表现这些树的时候，我们将使用图 3－2 的约定，并使用图来表示树的结构。在一台计算机中，我们将使用矩阵或其他等价的数学形式来表示这些图）。这种结构被称为一棵博弈树。

要编码一台可以下井字棋或其他类似游戏的计算机，我们将在增加一种约定的条件下（标注那些游戏结束的棋局）使用博弈树。特别是，我们将遵循从 X 开始（X 走第一步）的约定，于是我们可将所有出现 3 个连着的 X 的棋局标注为胜利，将出现 3 个连着的 O 的棋局标注为失败，而任何一个落满了子且没有胜利者的棋局标注为平局。

遵循这一约定，就能很直观地看到我们将如何令一台计算机下井字棋。一旦用 138 种可能性对博弈树进行了标定，我们就能看到在某些情况下，X 将采取获得胜利的一步，或者 O 将采取一种使 X 失败的走法。如果轮到 X 走下一步棋，并且接下来的某一步将使 X 胜利，那么 X 毫无疑问将采取获胜的这一走法。类似地，如果轮到 O 了，并且 O 能采取一种导致 X 失去胜利的走法，那么 O 将采取这步。然而，如果 X 看到自己的某些走法将导致 O 的胜利，那么 X 将避免这种走法。所以，当我们走到博弈树的某些点上时，X 能看到，每一步上，X 或者处在取得胜利的位置（所以它将执行这步），或者处在使 O 获得胜利的位置（所以它将避免这步），或者处在一个它不清楚状况的位置。

理解计算机如何能够进行博弈的关键是，探索当下一步的状况并不明晰时将会发生什么，即当 X 处在一个必须走一步但它的下一步没有一种情况是标定为胜利的局面时，该怎么走。于是，我们需要找出一种方式来选择下一步要如何走。在这种情况下，我们的假设是，计算机在看博弈树时能够往下再看一步。它看着自己所有可能进行选择的走法，想到它的对手所能选择的全部对策，然后再决定自己之后又将如何走下一步。

在某些偶然的情况下，X 能够发现自己处在必赢的位置上。正如图 3－3所示，如果计算机将它的 X 置于左下角的位置，对于 O 能采取的所有走法（树的下一层），总存在一些走法使 X 取得胜利。于是，即便它并不是一个完整的游戏，我们也能将这一棋局标定为 X 胜利：因为无论 O 采取什么样的走法，X 都将取得胜利。

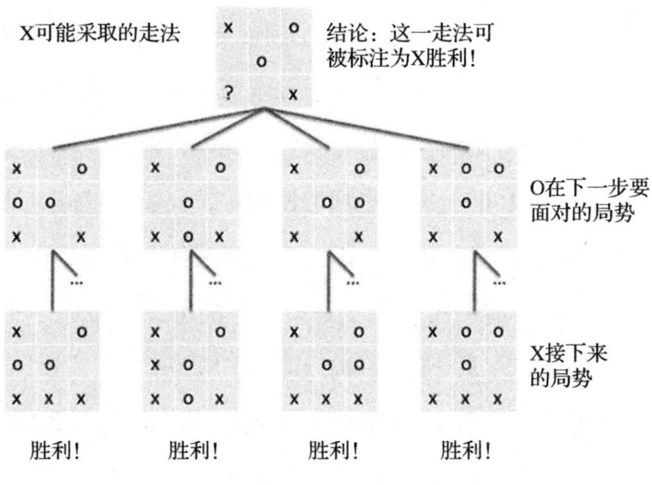

图 3－3　当 X 面临如上棋局时，它在接下来两步将要面对的局势（连接到省略点的线表示没有展示的局势）

如果在下一层中，O 面对的任何一个棋局都被标注为失败，那么一个不同寻常的情况就会发生。考虑如图 3－4 所示的博弈树片段。如果 X 走的是底部中间的格子，那么下一步 O 将连成一条线并结束这棵树，X 失败。所以，很明显 X 不会走出这一步。

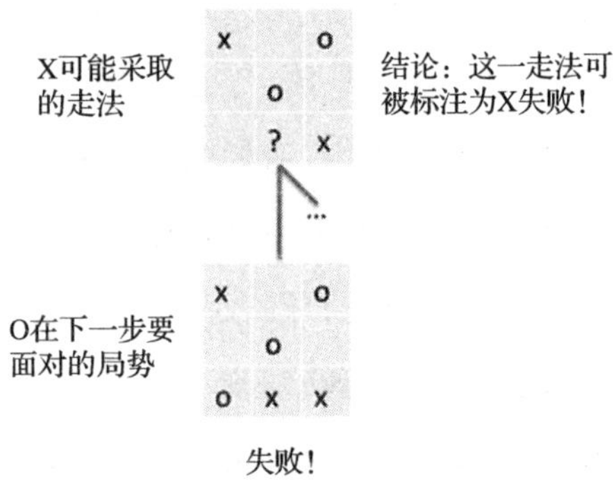

图 3－4　X 继续往下走会导致失败的一个位置

因此，当面对这样一棵博弈树的时候，我们能看到，在某些确定的情况下，我们能够向上传播一个标定。即当 X 在考虑它下一步的走法时，它能看到树的更下一层。对于它所采取的任何一步，若采取后得到的每个局势都将使它胜利，那么它便将这步走法标定为胜利。而对于它采取的任何一步，若随后得到的每个局势都将导致它的失败，则将该步走法标定为失败。在一种类似井字棋的会发生平局的游戏中，我们可以得出结论，不考虑输赢时，平局是更可取的做法。因此，任何一种在采取该步之后使得所有走法都将导致胜利或平局（但不是失败）的走法，都是一种安全的走法，可以被采纳（于是这一走法可被标定为平局）。

需要注意的是，若要在整棵树上做到这点，我们需要沿着博弈树持续往下走。即在走第一步的时候，X 并不知道它要做什么，所以它会去看博弈树上第二层和第三层上的局势，并尽可能标定所有的局面。对于任何一步它不能标定的走法，它将看向树的第四层和第五层，尽可能标定所有局面，然后返回去检查第三层的标定是否存在任何变动。这将持续进行下去，直到树的最底部，在一种类似于井字棋的最终结果是胜利、失败或平局的博弈中，它能够反向传播局势到树的最顶层（在井字棋的例子中，计算机将发现，先走第一步时，每次都会导致胜利或平局的结果，并且不会出现失败的情况，因此它可以随机选择一个空格并执行）。

当我们考虑用这种算法式的方法来标定博弈树（这在技术上通常被称为 α－β 搜索）时，我们就能看到为什么实施如上博弈分析是如此重要。如先前讨论的那样，当我们意识到，存在不同的到达棋盘相同位置（对称点）并标定棋局的方式时，我们就能极大地削减潜在走动序列的数量。在通过博弈树进行计算时，如果我们使用的是原始树，那我们必须考虑 30 多万种走法；通过对树的分析，我们将这一数量削减到比 100 多一点。当对走法进行传播时，每一步必须进行计算的走法都将花费计算机的时间，因此我们希望在任何可能的地方都尽量减少要走的步数。

实际上，这种分析在使用计算机玩那些需要轮流进行的游戏时，往往是非常重要的。那些希望计算机能进行博弈的编程人员通常会试着研发类似的分析程序以减小一棵博弈树的规模。这是很重要的，因为博弈树能以很快的速度增长到很大规模，而且这种分析能够消除大量的潜在计算。

解决一个游戏

若我们能标定一棵树（类似通常的井字棋游戏），并能判定每一步走法的价值，我们就可以说这一游戏已被解决了，即每一步上都存在一种使玩家或其对手胜利（或打平）的方式。

由于博弈树生长的速度很快，解决一个游戏可能是很困难的。例如，西洋棋（又称作国际跳棋）是最早使用 AI 程序进行开发的趣味游戏之一。阿瑟·塞缪尔（Author Samuel）在 20 世纪 50 年代末写了一个西洋棋的下棋程序，用到了类似于我们将在下文进行讨论的游戏方法的组合。到了 20 世纪 70 年代中期，该游戏的级别达到了“令人尊敬的业余水平”。艾伯塔大学的乔纳森·斯卡佛（Jonathan Schaeffer）带领团队研发了一个名为切努克（Chinook）的计算机程序来下西洋棋。到了 20 世纪 90 年代中期，切努克已经被认为是世界上最优秀的选手之一了。然而，直到2007年，大概在塞缪尔宣布其计算机棋手的50年后，斯卡佛和他的团队才在《科学》(Science)[一]杂志发表了一篇文章，证明了西洋棋中的先发棋手将会获得胜利或打平。然而，采用这一策略进行游戏的切努克并不能保证可以发挥它的最佳水平。如果它的对手不去采取最优策略，就很有可能将程序代入没有进行完全分析的博弈树部分。这就是所谓的“弱解决方法”。一旦完整的树被辨识出来，这个程序就可以玩一场完美游戏（无论另外一个玩家选择什么策略，程序总能表现最优，并至少达成平局）。在这种情况下，与在井字棋游戏中的情况一样，它将成为一种强解决方法。

许多游戏，不管是计算机有能力打败最优秀的人类选手的游戏，还是围棋这一计算机正要开始挑战人类专家的游戏，距离“解决”游戏，都还有很长的一段路。

从井字棋到国际象棋

井字棋的博弈树非常之小，使得计算机能够自顶向下看到底，并分析所有走到游戏终点的路径。然而，在某些游戏中，博弈树的规模会增长得非常之大以致难以使其发挥作用。所以在这种情况下，计算机必须拥有某些即便在不能判定自己会赢还是会输的情况下也能标定棋盘局势的方法。一种与AI有着一段有趣过往的游戏——国际象棋，可以帮助我们很容易地理解这点。

国际象棋中的先发玩家可选择的走法有20种（8个兵，每次可以向前走一到两个格子；2个马，可走两个任意步）。他的对手随后能在自己的一边以同样的20种走法作为应对。因此国际象棋前两步形成的博弈树就有

[一] Schaeffer, J., Burch, N., Björnsson, Y., Kishimoto, A., Müller, M., Lake, R., Lu, P., Sutphen, S., “Checkers is Solved”. Science 317 (5844): 1518 – 22, 2007.

$20 \times 20 = 400$ 种棋子在棋盘上的可能分布情况（和之前井字棋中的 15 种可能性形成了鲜明的对比）。在此之后，走法的数量计算起来就有些棘手了，因为下一步的潜在走法依赖于第一步的走法（有些走法会把一个象或者后从它们原来的位置上挪出来，有些则不会）。粗略地讲，游戏中接下来的每一步都大概有 30 种可能的走法。所以，每个玩家分别走了两步之后，就可能产生 $20 \times 20 \times 30 \times 30 = 360000$ 种走法。这已经是井字棋中不利用对称性质时所能产生的最大规模了；而在国际象棋中，这才刚刚开始。随着游戏的继续，走法的数量发生了变化，但当游戏结束时，由使用了各种对称方法并消除重复（即当存在多条能够走到同一位置的不同路径时，我们不再在博弈树中重复展现这一位置）的合理棋局构成的博弈树的规模大概是在 100 000 000 000 000 000 000 000 000 000 000 000 000 000 000 000（10^{47}）左右[㊀]。即便我们把当今世界上所有最快的计算机都拿过来，令它们除了计算国际象棋的局势之外不做任何其他工作，那么要把国际象棋的整棵博弈树标注出来，也要花费上千年的时间。但现在计算机不仅下国际象棋，而且下得很好。很显然，某些其他技术必须被引入游戏中。

在一棵很大的搜索树上进行游戏的技巧就是，我们不能在每次需要移动一步时就把所有自顶向下到树底层的路径都搜索一遍，而是要在可用的时间内搜索得尽量远，并且生成一组博弈树子集。用来描述一棵博弈树的一层的术语是层级，这样我们就能通过描述计算机能够向前看的层级数来对它的特征进行描述。

㊀ 这一数字真的是令人讨厌地难以计算。这一估计来自于维基百科，页面上声称该数字是一个可证明的上界。在排除了一些其他非常不可能的情况后，一些介于 10^{24} 和 10^{43} 之间的数字也被提了出来，这可以通过增加一些竞赛规则以限制游戏总数来实现。

然而，若要使博弈树发挥作用，我们就需要理解，当计算机的走法导致它走到许多不包含输、赢或平局等游戏信息的层级时，它们会采取什么做法。

应对这一问题的办法是使用一种 α－β 搜索树的变体，即最小最大搜索。在这一算法中，我们要做的是提出一种为每一种局势分配一个值的方式。除此之外，再无其他更好的办法，而构建计算机博弈系统的真正艺术所在就是提出好的估值算法。这可能要基于许多不同的事情。以下是常见的一些：

1. 对棋局的某些特定位置上留下的棋子给出单独的估值。例如，由于失去王就失去了整场比赛，我们可能决定一个王的价值是 1000 分；而因为后是一个非常强有力的棋子，那赋予它的可能价值是 500 分，等等。

2. 对走到特定位置上的某些特定棋子赋予特殊的估值（例如，如果一个兵走到了棋盘的另一侧，它就会成为一个有更大作用的棋子，因此，随着它们进一步参与游戏，兵会被赋予更高的价值）。

3. 对游戏中的具体策略和位置进行估值，例如当王被其他棋子所“保护”的时候。

还会基于其他一些事情。我们可以编写一个程序来计算所有这类事情，并使用一些算法把它们结合起来。随后取第一位玩家棋盘局势的估值并减去其对手棋局的估值。因此，如果第一位玩家的局势估值为 237，第二位玩家为 125，则第一位玩家的局值为 112 分。如果换个角度来说，局势恰恰相反（即玩家对手的位置更好），那么他的局值将是 －112，负分表示玩家处在一个潜在劣势的位置。

对一盘棋的某个层级给定一些数值，我们使用前面在井字棋中所使用的计算“赢”或者“输”的类似方法来计算其局值。即当我们评估某个特定的可能走法时，我们尽量沿着博弈树往下看。当轮到我们走时，我们选择分值最高的一步。当轮到我们的对手走时，我们假设他会选择分值最低的一步（对手的最佳选择）。因此，从我们的角度来看，先选择最大值，然后在下一层选择最小值（即最大最小值博弈名字的由来）。

因此，我们来看一个有着少数几层的规模较小的博弈树的例子。但请牢记，在国际象棋中，每个数字表示的是一个棋局的局值，每一步走法的下一步潜在棋局的数量在最低 0（我方输）和最高 278（国际象棋任何一点上存在的潜在棋局的最大数量，尽管非常少见）之间。因此，一个层级的规模可能会非常大，并且随着我们沿博弈树往下走，层级的规模可能会扩张得非常快。实际上，仅把真实国际象棋的一棵博弈树的几层进行编码就需要整整一本书。

图 3－5 展示了从棋局的某个点上开始的一棵简单的博弈树。玩家必须决定走哪一步才能得到潜在的最大值。在这个例子中，棋局被扩展为每一位玩家都有两步可走（或总共四层）的情况。最底下一层的值是基于如上内容描述的那些规则发挥作用的局势评估器所需要进行计算的内容。

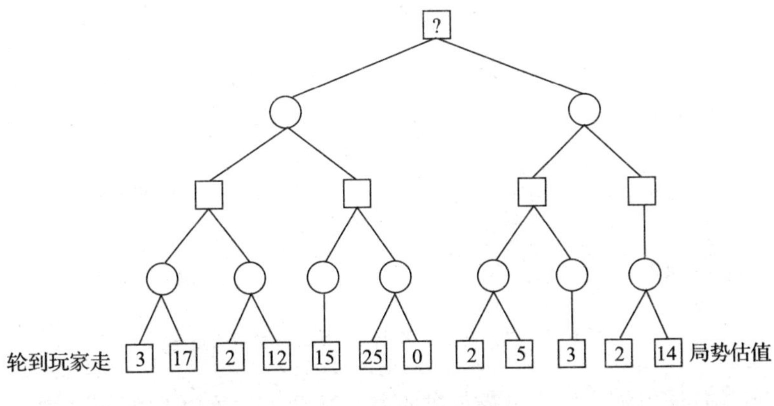

图 3－5　在这种局势下，玩家能够采取的最佳走法是什么，该步的取值是多少？

沿着博弈树向上走，下一步走法（也就是更上一层）是玩家对手的选择，于是这层的最小值（对玩家来说最坏的情况）将被选中。其数值结果如图3－6所示。

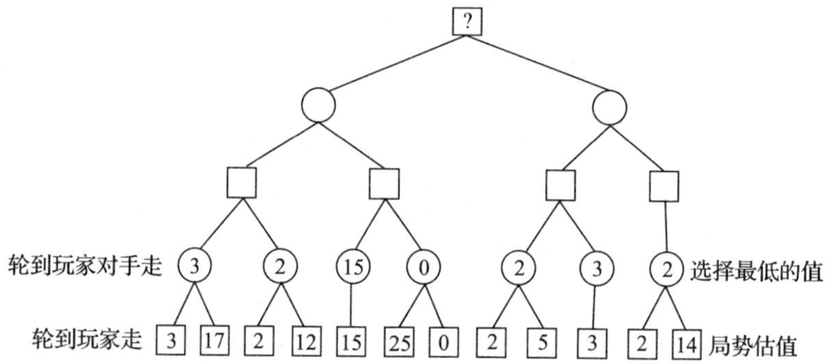

图3－6　对博弈树取值后产生了新的一个层级，一名优秀的对手会选择可能存在的最小值

现在又轮到玩家进行选择了。考虑可选的数值，玩家希望精选出最高的估值，因为这是局势评估器计算出的更好的走法。图3－7所示为在这层上对博弈树进行了扩展。

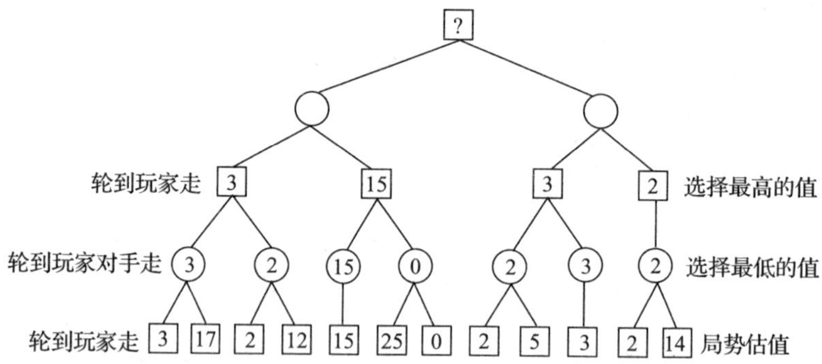

图3－7　这层轮到玩家走了，因此最高值被选中

根据具体需求，这一过程可被重复多次进行。在我们的例子中，还剩下一层，即对手的走法，因此最低值再次被选中。此时，玩家拥有了所有他需要的、填充顶部数字的信息：因此选择最高值（在本例中，是一个取值为 3 的局势，如图 3－8 所示）被选中。

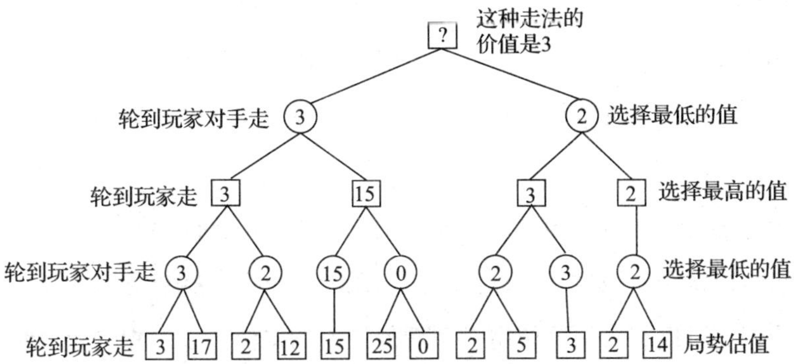

图 3－8　对手做出了最后一个决定，再次选择了最低的值，允许玩家通过选择他所能得到的最优值来对标记为“?”的节点进行赋值

注意在这个简单例子中，我们计算了这棵博弈树上的所有值，然后计算出了最优走法。象棋博弈树的增长非常之快，这就使得向下走合理的层数，然后再以这种方法计算所有的估值，花费依然过高。有很多无须提前计算整棵树就能提高其计算性能的技巧。有些方法在不涉及大量数学的情况下是很难解释清楚的，而且和此处的讨论也没有太过紧密的联系，但有一种技巧非常重要。

在实际的计算机博弈中，我们可以像之前所做的那样，逐片段地生成博弈树。举例来说，我们有能力计算少量层级之间的最佳走法。因此我们就能从一个层级中选取少量几个最佳估值并随后更加深入地计算这些走法。例如，若第一层中有 50 种可能的走法，我们有能力计算所有走法在几步之内的表现并从中选出最优的 10 种。而对这 10 种走法，我们可以额外地深入计算几层并重新计算它们的值。这一过程可被多次执行，这就意味着，对于博弈树中最有前途的部分，我们多向下评估几层，这就比我们生成并计算整个博弈树向前看得多。

然而，这种方法中也存在一个问题，我们可能会最终陷入一个“陷阱”中，即最初看到的那几步可能实际上会把我们领至比其他走法估值低的错误位置。实际上，一个优秀的竞争对手，可能会为我们设置这样的陷阱，例如，创造那种在当下牺牲一个棋子从而能在后半局获得一个更好位置的局势。由于这种特征的存在，早先的国际象棋游戏程序是很容易被欺骗的。

为了避免落入这些陷阱，我们有许多可用的应对技巧和策略。例如，计算机可以选择它们的某些最优走法，但随后也可以随机选择一些其他走法。或者它可以有目的地使用一种看似最差的走法，以检查是否存在某些预示陷阱的信息。试图搞清楚如何避免陷阱的程序员提出了很多聪明的技巧。因此，若要设计一套好的象棋博弈程序，除了实现博弈树搜索的数学方法之外，还需要一些对像井字棋这类的简单游戏来说不需要的内容。一是该程序需要一种好的方法来对不同的走法策略（当局值为多少时我们要进行多深的搜索）进行判定。二是从来没有出现过使用单个局势评估器就能计算出最佳策略的情况，因此该程序必须设计不同的评估器并从中进行选择。最后，随着计算机不断探索可能的最佳走法，它应该寻找那些有可能用数字愚弄其对手的位置；也就是，它应该能够自己设置陷阱。

但所有这些不同的事情造就了许多变来变去的参数，这就导致我们很难了解是什么参数使计算机玩得更好或者更差了。除了由国际象棋研究引起的经典博弈技巧外，人们同时意识到机器实际上可以使用一种相对直截了当的方法来学习一些东西。基本上，机器可被设置为使用不同的变体与自己对打。这是一种能够对选择更多的走法与选择更深的走法的策略进行对比的方法。它可以通过使用一个本质上以棋子的价值为主的局势评估器，或另外一个以相对位置的价值为主的评估器来实现。借助于许多台的计算机和许多不同方法的变体，计算机国际象棋程序设计师就能够以一种系统的方式变换参数来磨炼程序的技能，同时观测哪些方法比其他方法更好，并调整参数使程序向增加成功率的方向发展。

为什么计算机很擅长下国际象棋

正如本章前面内容所讨论的，在大约50年的时间里，计算机经历了从几乎无法与人类对抗到超级象棋玩家的发展。其中，前几十年人们对计算机的批评是它们将永远都不会擅长下象棋；现在的批评是，计算机象棋程序的老练复杂成了我们引言中所讨论的问题——AI可以成为人类威胁——的一个证明。然而，当我们甚至不能在人类创建并进行了几个世纪的游戏中战胜它们的时候，如何去细究我们能够与之竞争甚至控制它们？

既然我们已经探索了计算机如何下象棋，我们可以理解，它的能力来自于计算机工作方式的多个方面。回顾长时间以来对博弈的讨论，我们可以使用以下的关键点来总结计算机为何能够在国际象棋中表现得很好：

- **关键算法的设计**：计算机下国际象棋的超凡技术是基于所谓的博弈树搜索这种关键方法，该方法就像我们第一次在井字棋那种简单得多的游戏中所描述的那样。在这之前的一个小节中，我们描述了如何把博弈树算法从一种输出输/赢/平的树，扩展为当不能看到到达博弈树终点的所有路径时允许计算机选择较优走法的算法。这样，不管玩的是什么游戏，都存在很多可以改进的方面来帮助算法变得更加有效。随着科学研究已经确定了许多新的无关游戏种类的算法，计算机下国际象棋以及许多其他游戏的能力，已经得到了提升。
- **提高的计算机能力**：显然，拥有打败世界冠军的能力就需要计算机在博弈树中看得更远，它能够评估更多层级的情况并且这将使得计算机可以避开陷阱并在对手看到机会之前先把机会识别出来。在50年的人机博弈历程中，计算机的能力已经得到了大幅提升。如果你有一台智能手机，它的处理能力比早期国际象棋研究者能获得的最强大的计算机的能力还强大，而且它的存储能力超过了20世纪60年代晚期和70年代早期世界上存在的所有计算机存储容量的总和[1]。国际象棋竞赛中的对抗通常需要一些计时钟或时间约束，计算机能够利用自身逐渐增长的能力在同样的时间内做更多计算。在游戏过程中，计算机的局势评估器运行得越快，它在同样的时间内能够评估的局势就越多，向前看得就越远，玩的游戏就能越好。

- **更佳的启发性**：同无关游戏种类的算法一样，我们能看到，计算机要下国际象棋就需要许多的国际象棋专业知识。正如在井字棋游戏中我们看到的那样，在考虑对称性后树的规模得到了相当的约减；识别到达同一局势的多条路径对象棋中出现的情况也会有所改观。甚至更重要的是，下象棋的系统需要一个更好的局势评估器。当系统看向一盘棋局的某些层级时，如果它不能判别好的局势和坏的局势，它就不能有把握赢得比赛（作为一个思想实验，设想如果我们简单颠倒数值——即对换两位玩家的分值，然后再使用树搜索算法——将会对基于博弈树的搜索产生什么影响）。

- **机器学习的应用**：通过让计算机来和彼此对抗，增加一些变化，局势评估器就能像我们讨论过的那样得到提升。用来实现这一点的方法有很多，并且当涉及很大的参数集时（例如，在调整一个棋盘局势评估器的许多组件的数值得分时），学习算法就会变复杂。我们将在最后一章探索这些内容，但对现在来说，重要的是实现我们所讨论的那种学习方法，识别如何改变一个算法中的参数，这和我们在讨论一个小孩子或实际上很多人类在学习下象棋时所说的那种学习方法非常不同。

国际象棋半人马

在加里·卡斯帕罗夫于20世纪90年代输给IBM的深蓝之后，他开始

[1] 现在的象棋计算机通过存储强集成的开局知识和已知的赢棋序列而变得更强大了，同时更多的记忆则允许进行更多的存储。当前的计算机象棋玩家充分地利用了它们的记忆技巧，通常通过有必要地预计算大部分的博弈树来节省大量的实时计算。

研究计算机如何下棋并将它与人类的玩法进行了比较。他认为计算机和人类的博弈风格是非常不同的，并且随后提出了“高级国际象棋”这一概念，在“高级国际象棋”游戏中，对战的每一方都是一个拥有一台计算机进行协助的人类。这一想法在过去就被探讨过，但有了卡斯帕罗夫对人机混合队伍的倡导，这一想法达到了一个新的高度，然后在 1998 年，一场这样的比赛在卡斯帕罗夫和另外一个国际象棋冠军之间举行了，每个人都由一个计算机玩家协助进行比赛。

术语“国际象棋半人马”由此被提出，以神话中半人半马的生物来类比这一半人半计算机的象棋比赛团体。几十年来，象棋半人马的表现逐渐超越了表现最优的人类玩家和表现最优的计算机，展示了一种人类能够基于自己的象棋知识进行选择，然后借助计算机来寻找多个层级之后的潜在危险（或机会）的混合力量。但到了 2012 年前后，随着计算机能更快地计算更多层级局势的能力得到日渐增长，半人马开始输给越来越强大的专门下象棋的计算机了。

就在最近，一种被称为“自由体”的高级象棋游戏的扩展版本出现了。在自由体中，博弈在线进行，而两名进行对抗的玩家能够利用所有可能的资源，包括计算机以及其他象棋玩家。越来越多的大型用户组玩家，其中许多人使用不同的计算机，在时变或其他总游戏时间受限的约束下，进行游戏对抗。在 2016 年写这本书时，世界上最好的象棋玩家是自由体形式的团队，他们已能够打败最好的象棋机器。虽然我们尚不清楚这一领域的未来，但正如我们要在本书后面内容进行讨论的，看起来计算机和人类共同工作组成的团队创造了任何单独一方都难以打败的极其强大的“社会机器”。

我们在前面描述过的方法，当被组合到一起时，就能使象棋程序的表现超过人类了；并且，随着计算机变得越来越强大，他们的相对优势也在增长。实际上，我们可能会问的一个问题是：“人类是怎么把象棋下好的?”尽管人类下棋的知识大家了解得不多，但从心理学和神经科学提供的证据来看，很明显这不是通过人类主动评估很多的博弈树来实现的。为了更好地理解人类到底是如何进行游戏的，我们来看一下另外一种棋盘游戏——围棋，在2016年年初，计算机刚开始要挑战这一人类具有无可争议之权威的领域。

目前的挑战：围棋

博弈树之所以能在象棋中表现很好是因为这是一种零和、完全信息且确定性博弈。稍后在本章中，我们将探索一些其他类型的游戏，并对比人类和计算机的玩法，但首先让我们来看一下同类型的另外一种游戏。我们将探讨围棋博弈，这也是一种轮流下棋的玩法，其中两个玩家都能看到全部的棋局信息并且局势对一方有利时就对另一方不利。

围棋是一项历史非常悠久的游戏；实际上，它的出现远比国际象棋早得多。国际象棋的真正起源在古代就失传了，但围棋在有据可考的汉文文献中可以追溯到公元前400年。这项游戏在公历纪元之初的几个世纪传到了日本和朝鲜，并且在大约六或七世纪时就发展为本质上和今天一样的玩法了。

现代围棋在一个规格为19×19个方格的棋盘上进行。玩家轮流在横竖格线（也就是说，象棋的棋子是落在方格内的，而围棋的棋子是落在方格之间的线上的）交叉的点上落下不同颜色的棋，称作子（一方玩家执黑子，一方执白子）。图3－9展示了一盘正在进行中的围棋比赛。

图3－9　一场正在进行中的围棋比赛（图片来源：维基百科 https://commons/wikimedia.org/wiki/File:FloorGoban.JPG）

在围棋中，游戏讲究的是一方玩家用自己的棋子包围另一方的棋子，进行捕获。这就意味着，当一名玩家创造了一种边上没有断点的形状包围了它内部的整个空间时，它就吃掉了对手在这一空间内的所有棋子。关于捕获还有一些其他的复杂性（即便棋子在对手的包围圈之内也存在一些对其进行保护的方法），但总体来说是这样的情况。最简单的包围是：当一名玩家将自己的棋子置于围绕另一名玩家棋子的四个点上时，就形成了最简单的围剿。最大规模的围剿，事实上几乎从来不会在现实游戏中发生，就是一名玩家把自己的棋子放满了棋盘的整个外围（包围了所有的 19×19 个方格），然后就能吃掉所有位于其中的棋子了。

从技术层面上来说，一场围棋博弈的结束即意味着棋盘上所有的地方都被覆盖或被捕获了，但实际上这样一场博弈将需要大量的移动。而实际上围棋的结束往往是双方玩家一致同意再下也没有意义时（基本上等同于一方玩家认输）。

一局围棋博弈的可能下法的规模简直大得不可思议。对第一个玩家来说，棋盘上有 361 个可落子的地方；第二个玩家，有 360 个可落子的地方；如此等等。于是，全部可能下法的集合就是 361!，这是一个惊人的大数（大约是 10^{768}，1 后面跟了 768 个 0）！然而，类似于井字棋游戏，围棋中存在大量的对称情况、大量从来不会出现的棋局、大量会走到相同局势的步法序列等。但即便除去所有这些约减，并且考虑人类玩家之间的博弈往往最多走到一半的步数（经常被引用的一个数值是 150 步）就能结束，这一数字依然很大。一般估计该数字为 10^{170}，这比我们在之前的内容中描述的象棋的所有可能玩法的数量都大得多得多。此外，象棋的博弈树在大多数情况下都受到下一步可能移动步数的限制，这一数字一般都小于 40，而围棋的博弈树受到棋盘上的可能移动步数的限制，这一数字在开局阶段通常是几百（这里指可以落子的地方）。如实地考虑这一数字，整个宇宙的年龄按秒来计算得到的数字也远比一个围棋玩家（不论是人还是计算机）所需要的在一棵围棋博弈树中所考虑的位置数量要少得多。实际上，这要小上好几个数量级。如果有一台能够在一秒内评估一个 10 亿 ×10 亿 ×10 亿数量级的棋盘局势的计算机，从宇宙大爆炸时就开始计算，那么到现在也还没能完成对整棵围棋博弈树的标定。即便使用了我们在象棋中讨论的招数，要在围棋的博弈树中多向下看几个层级也会使得当今最快的计算机疲惫不堪。

值得注意的是，当人类下围棋的时候，他们往往从一个较小的棋盘（先是 9 ×9 的，然后是 13 ×13 的）开始学习。9 ×9 的棋盘上的数值能令博弈树搜索在今天的计算机上运行起来，所以在小棋盘上，计算机已经能够和当今某些最优秀的人类棋手玩得一样好了。在 19 × 19 的棋盘上（标准棋盘规模），当下最优秀的计算机刚要开始打败一些厉害的人类棋手。在 2014 年年底，一台计算机确实在一个 19 × 19 的棋盘上打败了一位人类冠军。然而，计算机被给予了很多优势（被允许在开局时先落了许多子），规则被极大地简化了，并且对游戏的长度也进行了限制。在 2015 年年初，两个计算机程序（一个由谷歌开发，一个由 Facebook 开发）开始表现出显著的进步。随后在 2016 年年初，一台计算机有史以来第一次在正规围棋比赛中打败了一位人类的围棋冠军。这个名为 AlphaGo[㊀] 的计算机程序在一场共 5 局比赛的挑战赛中以 5∶0 的成绩打败了一位欧洲围棋冠军。

根据当前的围棋世界排名，被打败的这位棋手是世界排名在前 700 名

㊀ Silver, David, Huang, Aja, Maddison, Chris J. , Guez, Arthur, Sifre, Laurent, van den Driessche, George, Schrittwieser, Julian, Antonoglou, Ioannis, Panneershelvam, Veda, Lanctot, Marc, Dieleman, Sander, Grewe, Dominik, Nham, John, Kalchbrenner, Nal, Sutskever, Ilya, Lillicrap, Timothy, Leach, Madeleine, Kavukcuoglu, Koray, Graepel, Thore and Hassabis, Demis, "Mastering the game of Go with deep neural networks and tree search", Nature, 529, (28 January 2016) p. 484 –489.

的一位棋手。然而，在国际象棋中，要爬到排名的顶部是很难的。到该书出版时，AlphaGo 将已经与世界上最为顶级的围棋棋手比赛过了，如果它赢了，那就是 AI 在博弈史上取得的又一重大突破[㊀]。与此同时，一个由 Facebook 团队研发的单独程序，也在围棋博弈中取得了很大的进展。简而言之，这又是一个快速增长的计算机能力和愈加复杂的 AI 算法联手挑战成为顶级棋手的游戏。

其他游戏

在查看人类和计算机在玩象棋和围棋等这些游戏上的差异之前，还有许多其他游戏要考虑；特别是，有很多人类协同计算机或者对抗计算机的游戏。许多这种游戏没有象棋或者围棋的性质，例如确定性、完全信息、和/或零和博弈。世界各地的人们玩着大量的游戏，并且即便我们忽略类似体育游戏等的物理竞技游戏，我们也绝不可能把它们全部探索完。

首先，即便是在零和博弈的范畴，即对一方有利对另一方有损的情况，肯定有些游戏存在我们在象棋或围棋中没有遇到的复杂性。例如，像西洋双陆棋，它的局势完全暴露给双方玩家并且玩家轮流走动，但这也有运气的成分：玩家掷骰子来决定他们的走法。这些游戏被称为非确定性博弈，或更通俗地称为概率博弈。

对人类来说，运气这个因素有时看起来或多或少是有些神秘的，我们中的许多人都见过，在某些游戏中，非常幸运的业余玩家打败了一个更优秀的职业玩家。对一台计算机来说，运气实际上变成了一种概率问题，并且其博弈树可能会随之发生一些简单的变化。

㊀　2016 年 3 月，AlphaGo 以 4∶1 的成绩在一场官方锦标赛中打败了李世石，一位世界排名第四的选手。尽管更多的比赛可能即将到来，但现在，计算机正像它们在象棋中所表现的那样沿曲线快速上升。我们期待在接下来的几年内会看到“围棋半人马”和其他类似的创新。

例如，当我们为每位玩家生成了一个下一步可能棋局的集合时，我们需要考虑掷骰子可能会出现的不同结果。做到这点需要两个步骤。首先，当我们为一个玩家生成由下一步的可能走法组成的一个集合时，我们有能力把任一可能的角色考虑在内并生成这一特定角色对应的骰子可到达的棋盘位置。既然两个骰子落地时所有可能出现的情况共36种，对每一个角色来说，都有一些举动是下一位玩家将做出的，我们最终将得到一棵更大的博弈树；实际上，考虑所有可能的角色，西洋双陆棋的博弈树规模大概是介于象棋和围棋博弈树的规模之间。

第二步稍微有些复杂。在国际象棋中，当我们把每位玩家可能采取的行为考虑在内时，我们假设他们将采取自己所能找到的最佳走法。但在西洋双陆棋这种不确定性游戏生成的博弈树中，我们必须考虑玩家采取某一走法的概率。例如，假设在一局西洋双陆棋游戏中，博弈树向玩家展示了如果下一个玩家向前走3步的话，就可能会发生一种坏的或者好的局面[㊀]。图3-10展示了两个骰子的众多组合，在所有情况下，玩家或者一次走3步（例如至少有一个骰子是3点）或者两个骰子的点数合起来是3。当发生这种情况时，可能会是图3-10所示的13种可能情况（图中数字为黑体）中的一种。由于总共有36种可能的情况，那就有13/36即约36%的概率，对手玩家会走出这一步。因此，我们在每盘棋中都需要考虑这些概率。在标准的博弈树搜索中，最简单的方式是用局值与概率相乘并以此作为估值，选出最好策略。关于这些概率的计算也可能会存在更复杂的情况，但本质上这都会包括对玩家投掷得到的骰子情况以及玩家会走到的棋盘位置局势进行一些数学运算。

㊀ 西洋双陆棋的细节与此处的讨论无关，但对于那些会玩的人来说，不好的结果可能是对方玩家击中了“我”暴露出来的棋子，而好的结果可能是“我”锁定了一个位置，于是使得敌人更加难以移动了。

骰子1/骰子2	1	2	3	4	5	6
1	2	3	4	5	6	7
2	3	4	5	6	7	8
3	4	5	6	7	8	9
4	5	6	7	8	9	10
5	6	7	8	9	10	11
6	7	8	9	10	11	12

图 3－10　两个骰子组合形成的概率表（加粗显示的数字是对手能移动到三步之外的一个点上时骰子可能出现的所有情况）

另外一种不确定性游戏就是玩一副牌的时候会遇到的情况。此时会包含两个复杂因素。其一，当然是你会分到什么牌的运气；其二，是在大多数的牌类游戏中，存在一些玩家双方都不知道其价值的牌。这可能会发生在扑克牌这类的游戏中，其中只有一部分牌是可以看到的；或者像桥牌这样的游戏中，每一方的玩家只能看到自己的手牌和部分其他牌，但并不知道哪一个对手中拿着的是哪些还没被看到的牌。于是，棋牌游戏通常不仅是不确定性的，同时也是不完全信息的博弈，游戏中存在一些每个玩家都不知道的信息。

对某些游戏来说，卡牌是平均分发的，玩家知道他们在目前情况下能看到哪些卡牌，于是这个游戏的概率空间可能不会太大。例如，在桥牌游戏中，一旦游戏开始，每个玩家都能看到半副牌。随着游戏的进行，打出的牌逐渐明晰。因此，在卡牌游戏的出牌阶段，一棵考虑概率情况的博弈树搜索会运转良好。然而，桥牌中有一点与其他游戏非常不同——竞标，此时每个玩家只能看到自己的手牌。桥牌竞标的细节是非常复杂的，但本质上这是玩家之间的一种通信行为，每个人都希望能借助该阶段的信息来猜测其他玩家手中的牌。棋牌中的可能分配情况是非常多的（所有排列好的 52 张牌分发到 4 位玩家的手中），同时，竞标的规则允许了大量不确定性的存在。

由于桥牌的上述两个性质，比较计算机和人类两者的玩法就变得非常有趣。在一种被称为“标准桥牌赛”的比赛中，特殊手牌的使用和玩法的质量往往比竞标的质量更占据主导地位。在1998年，一个名为GIB的计算机程序，打败了一组世界上最优秀的人类玩家，该程序由一位美国计算机科学家也是桥牌玩家马修·金斯堡（Matthew Ginsberg）研发。然而，桥牌的常规锦标赛考虑更多的是竞标和玩法技巧的组合，一直到今天，最优秀的人类选手仍能打败最优秀的计算机桥牌玩家[㊀]。

其他卡牌类游戏，特别是扑克，探索起来更有趣。对某些特定的扑克，一个玩家所知道的所有信息就是他们自己的手牌和各种类型的手牌出现的概率。在这些游戏中，计算机做得很好，尽管比较人类和计算机的表现是很难的，因为这其中包含的决定性因素不仅是概率，还有押注方案。假设在相当长的一段时间内，使用了概率信息的计算机，最终取得了胜利，它无非是简单地用或者不用概率信息来下注。

另外一种有趣的扑克游戏，包含了一些已知的或者共享的牌，被称为“德州扑克（还有其他名称）”。在参与这一游戏的人们中，存在大量利益，而且现在有许多高赌注的比赛。在这种游戏中，计算机正在逐步取得进展，并且在2015年1月，阿伯塔大学的计算机扑克研究小组在《科学》杂志发表了一篇文章，声称他们已经在本质上“弱解决”了这个游戏。这即暗示着，除非在极少见的情况下，计算机都会赢。然而，这个游戏存在大量的随机性，在一场限制筹码数量（因此本质上这是有限长度的比赛）的竞赛中，我们并不清楚理论结果是否将完全适用于实际。截至2016年，一种人

㊀ 有趣的是，人类玩家在桥牌中玩得更好的方法之一是观察特定牌的发放情况，然后再决定最好的决策是什么。在这种情况下，由于所有的牌已知，这一游戏就变成了一种确定性的、完全信息博弈；同时，计算机就能容易地比人类更好且更快地评估其博弈树。所以，尽管最优秀的人类比计算机玩得好，但他们中的许多人在训练时会用计算机来分析手牌。

与计算机进行对抗竞赛的方式已经组建了起来，用于检测计算机在实际操作中的表现是否和理论上一样好。

与卡牌游戏中的情况类似的还有各种各样的策略游戏，有些玩起来像是带有各种各样的运气和技巧的棋盘游戏，计算机在其中许多游戏中都玩得很好。然而有一些游戏，例如一个名为“无限都市”（Infinite City）的游戏，有很复杂的规则，很高层的组合数学，并取决于一个玩家有时可以一次连续移动多步的许多情况，也增加了另外一种复杂性。到目前阶段，让计算机来玩这些游戏至多也就处在早期研究阶段。

还有一种类型的游戏，我们还没说，也就是非零和博弈。有一些游戏，它们不存在对一方玩家有利而对另一方不利的竞争。很少有被普遍接受的游戏是非零和博弈的（尽管随着新游戏种类的增长，有些开始出现在定制化游戏商店中）。然而，有些游戏虽然因为存在竞争而在技术上来说是零和博弈的，但游戏玩家们并不是为了赢而玩，而是为了游戏的乐趣。例如，打哑谜猜字（一种试图把一些通用词语表演出来的游戏）一类的派对游戏，通常会有两队人员进行比赛，但很多情况下，分数并不是最重要的。

类似的，许多由人类参与的在线游戏是在一个由计算机作为仲裁者的游戏场中同场竞技进行的。有些游戏，类似侠盗车手（Grand Theft Auto），在这些游戏中实际上人们是和计算机在进行对抗，但同时也和其他人比赛并累计得分，所以计算机并不是试图用和玩家一样的方式玩游戏。其他游戏，像是英雄联盟（League of Legends）或者魔兽世界（World of Warcraft）——每个游戏都有遍布全世界的上百万游戏玩家，同样也是由计算机协调的，但游戏者是以组队形式参与游戏的，并且这些人互相之间存在社交关系。这些游戏很难用传统的术语如非确定性、零和博弈等词语进行分类，特别是在那些人类玩家的对手可能是计算机本身（例如，它们给予魔兽世界中的怪兽力量）的游戏中，此时玩家的重点在于要比游戏中的AI表现更好。

最后，有一些游戏更强调想象力和创造力，而不是竞争力。这些游戏正变得越来越流行，并且游戏玩家也往往是为了有趣而不是为了竞争而玩。考虑龙与地下城（Dungeons and Dragons）作为这类游戏的一个例子，这个游戏已经被全世界各地的人们玩了超过40年了（现在有了几十种语言的版本）。在这个游戏中，有一个人被称为地下城主（Dungeons Master），创造了一片梦幻的土地以及一组允许其他玩家共同参与的任务。这些玩家选择各种不同的角色，从小偷、流氓、巫师到治疗师等。游戏规则规定了玩家的属性以及他们在任务中要面对的怪兽，但这个游戏非常有趣的一个方面在于，人们能够制作创造性的东西来不断尝试，然后地下城主们使用他们的判断来判定哪些创造性物品可用，哪些不可用。了解真实世界的物理特性（如称重和测量）并与地下城这个虚拟世界的特性相结合，对游戏玩家来说成了一个非常有趣的挑战。这个游戏主要通过语言（玩家与地下城主们的交流）和运气（在不同场合下使用了许多种不同的骰子）的组合来玩，并且游戏体验成了一个重要的特征。目前为止，计算机偶尔会被某些玩家用作在游戏过程中的资源（尽管很多人使用这一游戏作为关闭机器以及与更多的人进行交流的借口），但目前为止，还没有一个值得注意的计算机龙与地下城游戏玩家被设计出来。（一篇最近的博士论文探讨了一个与沃森类似的架构如何来玩这些更复杂的游戏[㊀]。在论文中，作者声明了他的目标是设计一台能玩一种名为“龙与地下城”的有趣游戏的终极计算机。）

人类怎么玩游戏

在考虑AI和游戏时，观察人类是如何玩游戏的也会很有用。为什么计算机技术要经历这么多更新迭代，沿着博弈树向下看这么多层，它才有可

㊀ S. Ellis, “When Waston Gets Board: Cognitive Computing as a Basis for AI in Tabletop Games”, Doctoral Thesis, Computer Science, Resselaer Polytechnic Institute, 2016.

能打败一个人类象棋玩家？为什么计算机难以在围棋中打败人类？实际上，我们可能想问“考虑游戏的复杂性因素，人类究竟是如何下围棋的？”

讽刺的是，这些问题很大程度上难以回答，因为相比人类是如何下棋的，我们更了解计算机如何下棋。这并不是说人类的棋法从未被研究过；在很长一段时间内这都是一个活跃的研究领域，并且一直以来都有新的研究发现被公布出来。真正的问题是，我们之所以能够在细节上分析一个计算机的算法，是因为我们能够检查它所运行的具体代码，但我们仍然没有检查同一水平上人类内部认知处理过程的工具。尽管神经科学和心理学上的很多某些新型工具已被用于人类博弈的探索，但现代工具仍然不能满足以我们所需要的细节水平来分析（为了准确地理解人类的认知过程）人类大脑里正在发生的事情的需求。为了判断人类在博弈时都会做什么，已经进行了许多项实验。

最早的一些关于人类博弈的实验是在一个多世纪前完成的。艾弗雷德·比奈（Alfred Binet）是研发了我们至今还在使用的 IQ 测试方法的科学家，他对人类的记忆很感兴趣。他所探讨的其中一件事情就是蒙眼棋，这是一个国际象棋玩家蒙着眼在看不到棋盘的情况下与敌方玩家进行对抗的一种游戏，他仅被告知对方的走法。比奈调查了很多象棋玩家，特别是大师级人物，问了他们各种关于如何执行这一任务的问题。他对玩家是否使用了“视觉想象”（保持游戏的一些记忆图像）或其他记忆技巧的问题尤其感兴趣。他的结论并非最终结论，但却表明，大多数较好的棋手并不会靠记忆对棋盘可视化，而是使用一些抽象的方法来表示棋盘。

比奈用的这一方法，以及许多后来沿着他的工作思路进行探索的心理学家，被称为口语分析派。当人们在执行一个任务时，他们被要求大声地向一个观察者描述他们正在做什么；或者细致地描述他们做了什么。研究者使用该结果来对观察到的结果做出结论。到了 20 世纪中期，这一被我们称为“认知心理学”的领域开始逐渐形成，同时越来越强调对小组间的表现进行严格对照的实验学方法。

最早把口语分析方法应用到国际象棋玩法中的一个人是荷兰心理学家 Aadrien De Groot，他自己就是一个很优秀的国际象棋玩家。在 1965 年，De Groot 进行了一项实验，他把一局棋中的某个局面（即在对弈的某个点上的棋局）拿出来给人们看了很短的一段时间，然后要求他们回忆棋局上的所有棋子。最好的玩家能够记起来 90% 以上的棋子。在一个更深入的实验中，De Groot 展示了当他拿同样数量的棋子但是随机把它们放在棋盘上而不是对弈棋盘中的位置时，这一差异大多消失了，更强的玩家和更弱的玩家记住了大体差不多数量的棋子。De Groot 的同事们后来所做的实验表明，很少或者没有国际象棋经验的人们都记住了差不多数量的棋子，不管它们是来自真实棋局还是随机摆放的棋局，这与专业象棋玩家在随机摆放的棋盘上的表现差不多。De Groot 总结道，这证实了那个可以追溯到比奈的那个想法，基于象棋博弈架构的抽象表示，而非视觉记忆，是玩家所采纳的方法。

威廉·挈斯（William Chase）和赫伯特·西蒙[㊀]发表于 1973 年的一篇文章极其详细地探讨了这一想法。挈斯和西蒙向他们的实验对象展示了棋盘上留有一些棋子的棋局，使用与 De Groot 同样的方法，但控制了一些因素，包括展示的棋局是来自对弈的哪个阶段（初期、中期或末期等）。他们也控制了在对弈中会出现的特殊棋局的棋子数量（例如，当一个玩家的棋子能够同时威胁另一个玩家的两个棋子时，就出现了在象棋中被称为“闪击”的局势），以及其他一些国际象棋中独有的因素。他们的实验表明，更好的象棋玩家能够记住一些更“有意义的”位置，并探索了哪些位置更容易被记住。

㊀ 他与我们在本章前面讨论的支持 AI 的实际操作性的科学家是同一个人。在他的早期工作中，他探索了计算机和人类如何下象棋，这篇论文是其关于象棋的研究中最著名的一篇。

他们总结道，象棋玩家，特别是玩得较好的玩家，能够利用多个棋子记住位置“组块”，就像它们构成了单独的单元。于是，当一个非象棋玩家可能记住的是一个特定的棋子落在了棋局中一个特定的位置上时，一个有经验的玩家能记住一组棋子所代表的含义：

1. 各种各样的包括兵（可能是车和象或者马）在护王的常见位置形成的组块。

2. 各种各样的包括各种常见最佳配置构成的组块。

3. 各种各样的包括兵链、车队或者车与后的常见配置构成的组块。

4. 各种各样的包括进攻组块的常见配置，特别是一个竖列、斜线或圆圈包围了对手的护王位置所构成的组块。

——挈斯和西蒙，认知心理学 4（1973），p. 80.

西蒙连同他的同事艾伦·纽厄尔（Allen Newell）以及他们的一些学生，对这个通过“组块”进行推理的想法进行了概括化，并编入了一台名为 Soar 的计算机中，现已被广泛用于对人类认知行为的不同方面进行建模。尽管一些其他研究者对这一在 Soar 模型中提出的使用组块化作为人类思维基础的想法表示反对，但已有清晰的证据表明且大家普遍认为，对象棋和类似的游戏而言，组块化是人类博弈的一个重要方面。然而，人类究竟如何学习这些组块中包含的模式，如何在象棋博弈的正确时间上使用它们，并且专家们如何应用它们来学习对抗不同下棋风格的不同敌手，所有这些都是悬而未解的问题。

在围棋的研究中，正式的实验报告较少，许多工作还处在和早期的国际象棋研究类似的水平上（由大师来分析游戏的描述）。许多非常有名的关于围棋的工作，从几百年前以来到现在，都是通过使用一些能够帮助玩家学习识别特定种类模式或策略以提高下棋水平的“习语”来教授这一游戏。这些习语包括关于下法的一般建议，例如“在对称的点上落子”（play on the point of symmetry）；关于识别非常具体的局势的方法，例如“学习破眼手筋”（learn the eye-stealing tesuji），这是一种由大概10个棋子组成的特殊模式；以及类似于游戏策略的一般声明“大龙不死”（Big dragons never die），这在本质上是推荐玩家把更小的模式联合起来组成更大、更难包围的群组[⊖]。人们通常认为，这些习语在本质上与象棋中组块的想法是相对应的，尽管很难证明这给游戏带来了更大的复杂度以及许多这些习语使用隐喻而不是具体模式进行描述（对比上文中破眼手筋和龙的习语）的事实。

除了组块，人类在围棋游戏相关的大多数讨论中都同意的一件事是，围棋非常依赖于它能够看到的棋盘上涌现出的模式。实际上，在许多玩家看来，围棋之所以会如此有趣且具有挑战性的部分因素即在于，当下一盘好棋时，如果棋手能识别出“非局部”效应（即距离行动中心很远的一个棋子），这一模式识别对结果来说可能会是非常关键的。（实际上，甚至是讨论“行动中心”的这一说法也可能是错的，因为围棋竞赛中强悍的棋手似乎会同时布局大量的行动中心。）

泛化地说，当大家讨论人类不仅在围棋这一游戏中表现得比计算机更佳，在大量其他任务中也是这样时，针对的正是上文后面提到的围棋的这一特质。尽管计算机能够在一个狭窄的领域中进行深度地搜索并应用复杂的规则，当涉及多个领域的“综合”结果或者识别散布在很大的一组实体中一个模式时，人类仍然会表现得比计算机更佳。

此外，那些用来帮助训练围棋棋手的习语与另外一个存在于人类与计算机之间的差异相关。在棋盘上寻找落下的子和一般模式之间关联性的能力，以及把这些模式与超越了围棋的概念（像是龙的比喻）联系起来的能

⊖ 一大批关于围棋的习语都能在网上查询到，http://senseis.xmp.net/?GoProverbs。

力，似乎是人类如何下围棋的一个重要部分。类似的，在国际象棋中，类似捉双（forks）、圈套（traps）以及防守线（lines of defense）等这些概念，允许我们借助在游戏域之外所了解的一些事情的记忆来帮助我们处理（特别是组块）下一步的走法。通过对一种局势（例如一盘象棋的局势）和另外一种（诸如真实世界中陷阱的概念）进行类比并推理的这种能力是一种对计算机来说至今还无法实现的（我们将在后续章节中讨论）重要人类力量。

最后，围棋指出了另外一种对人类而言更简单的能力。围棋不仅要求能够识别出模式，最好的那些玩家往往是那些在模式形成之前（预测形成的模式）就能将其看出来的那些人。顶级的围棋玩家说，他们根据可能会形成的各种包围局势来布置棋子；他们在大龙出现之前而不是在它形成之后就已看到了这一局势。这一能力仍然是 AI 系统在某些具有大量专业知识的具体领域之外无法复制的东西。这些看似对围棋来说至关重要的但并不明确的模式种类仍在挑战着目前的最新技术。诸如 AlphaGo 这样的程序，举个例子，并不能像人类那样把它们的模式识别过程泛化。举例来说，如果一盘棋需要在 21 ×21 的棋盘上进行，那么在一个 19 ×19 的棋盘上进行训练的 AlphaGo 就会表现得很差，而一个人却能继续以较高的水平下棋。

游戏之外

尽管我们似乎很清楚地知道，人类与计算机非常不同；但若要弄清楚两者之间的差异以及考虑人与机器如何在认知层面上有何差异时，是很难的。带着这一想法，我们开始了本章的探索。然而，随着我们对人类和计算机如何玩游戏的深入探讨，一些重要的差异显现出来了。AI 系统开始利用计算机的大内存、数学算法和各种各样的搜索技巧来和人类进行博弈对抗。人类利用自己可以识别涌现的模式这一优势，来识别诸如国际象棋中的组块这样的抽象位置，以及来把游戏中发生的情况和真实世界中的生活关联起来，从而更好地组织它们对所发生的情形的理解（就像我们在围棋习语中看到的那样）。

如果你回想一下前一章的内容，你会看到这与医学的例子有相似的特征。计算机能够使用自己的大规模内存来处理大量的文本、使用数学方法来处理症状和疾病之间的概率、使用特殊的算法来确定对人类来说很难确定的图片内容。医生，从另一方面来说，能够将他们根据经验从病人身上感知到的特征纳入决策之中，通过“组块”各种医疗情况来对应该如何诊断疾病进行推理，并通过考虑医学之外的更广泛的背景知识来决定如何制定医疗处方。

随着我们继续对使计算机变得前所未有之强大的AI技术进行探索，记住这些人类与计算机之间的差异是很有用的。在接下来的两章中，我们将探索人类和计算机的能力所存在的其他一些差异，并考虑当他们在试图处理我们所生活的世界中的复杂交互时，任何单独一方所具有的弱点。

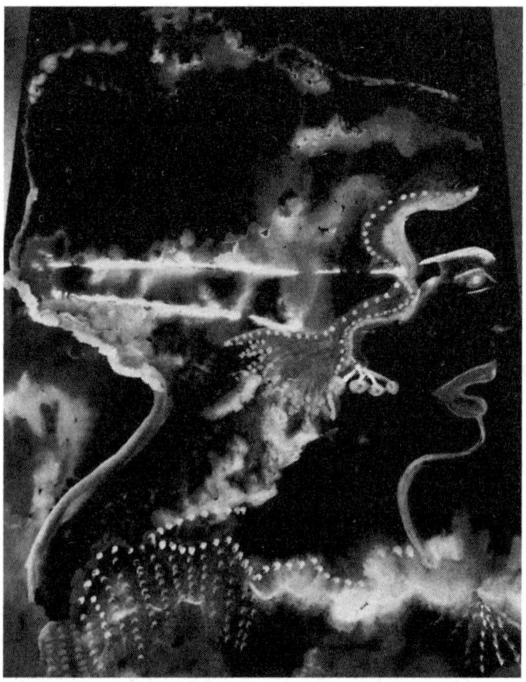

第四章

人类的局限

人类非常了不起，尤其是谈到创造性与适应性的时候。人类通常用于解决问题的许多认知技能，如想象、玩耍以及创造，至今都让计算机科学家难以定义，更不要说对其进行编程了。从进化的角度来讲，人类是非比寻常的模式识别者，包括发觉尚未形成的模式的能力。然而，这一赋予我们广泛模式识别能力的认知机制，同时也限制了我们从许多可选方案中深度地聚焦某一单一事物的能力。尽管有些人（如有经验的规划师或者棋手）会比较擅长生成并追踪大量的可选方案，但绝大多数人可以有效处理的选项数目远低于一般情况下计算机能够生成并处理的选项数目（后者大约为数千条）。除此之外，认知能力因人而异，它取决于我们的基因和过往的生活经历，并且随着年龄的增长有逐步退化的趋势。

在上一章中，我们探讨了计算机的一些局限性，在之后的章节里我们将继续讨论这一主题。本章我们将探讨人类固有的一些局限性，自动化技术如何增强这些局限性，以及深度学习等正在涌现的新技术如何在感知方面给予计算机更多的类人能力。随后，在第六章中，我们将进一步探讨在人工智能的帮助下增强人类认知的想法。

解决问题

人类解决问题的能力是通过很多代的集体进化而发展出的一项技能，并且在每个个体的一生中仍在不断进化。我们所有人出生时就具备一套感知系统，该系统使得我们能够察觉并解释多种形式的数据（如视觉、听觉、触觉等）。出于生存的本能，或者通过刻意的训练，我们每个人都进化出了一套属于自己的处理输入数据的方法（如划分优先级和偏好），从而能够更好地与环境交互并且解决日常生活中遇到的各种各样的问题。

要弄清楚我们是如何理解自己遇到的所有不同形式的数据的，将花费一定的时间。在我们学习自身所处的世界的过程中，我们常常收到各种反馈（既有正面的，也有负面的）信号。举个例子，当一个孩子第一次看到火焰，他或许会发现火焰的颜色以及火焰的移动是如此令人着迷，以致他触摸了一下火焰。如果这个孩子被火烧到并且感觉到了疼痛，这种疼痛的感觉（一种负反馈）将帮助他将触摸火焰与疼痛联系到一起，使他在未来倾向于避免接触火焰。此外，孩子还从中习得了要警惕任何可以产生高热的源，从而为他将来的生活积累了经验。这种识别模式、产生关联，从不同模式的经验中逐步建立一般概念，并且从整体上积累和使用知识的能力，是由我们的生理机能（大脑和身体构成）、运动功能、感觉、认知以及记忆能力所赋予的。

根据输入的数据形成模式并使用这些模式构建类别从而帮助我们与环境进行交互，似乎是人类与生俱来的能力。在观测到的模式与其相关情境（如时间和空间）之间建立联系，并构建模式或概念类别，是一种被称为概念形成（concept formation）的过程。该过程不但受到人类个体经验的影响，也随着个体经验的丰富不断改善，这或者是通过我们对周遭世界的探索（一种无监督学习的形式），或者是通过教导（一种有监督学习的形式）来实现的。玩耍就是一种探索式无监督学习的例子。人们被明确地教导一个物体叫什么名字则是有监督学习的例子。

一旦我们习得了某种事物的模式，并体验了使用该模式与环境交互时它所具有的有效性，我们就不必再次学习该模式。反过来，我们的头脑能够以某种方式表示并且存储这些模式，从而使得我们能够在将来再次使用它。这种解决一个新问题或者通过将新问题与一些之前已经解决过的问题或者已经观测到的模式相匹配的能力称为模式识别（pattern recognition）。模式识别依赖于以下几个方面，即我们的感官、感知以及认知系统从输入的数据中提取特征的能力；从数据中识别一些规则的能力（建立一种模式）；判定一种新的模式是否与我们已遇见过的其他模式相类似的能力（建立模式分类）；以及在需要的时候，对比新模式与已知模式来支持学习与解决问题的能力。

拥有一套以某种方式编码于我们记忆之中的模式并且能够在模式识别的过程中使用这些模式，就是一类推理行为。不幸的是，有时我们曾经遇到过的某个模式并不能与我们当前所观察到的模式恰好完全匹配，而且当我们试图采取行动对当前正在观察的模式做出响应时，并不能得到相同的结果。举例来讲，苹果是父母经常拿给孩子们吃的一种水果。开始时，父母可能会通过咬一口苹果来教给孩子如何来食用它。孩子照着做并享受到了苹果的美味。因此，孩子学到了苹果的模式或者概念，即苹果是一种具有特定形状和颜色，并且可以食用的东西。现在设想孩子看到桌子上有一碗水果，其中的一颗看起来很像是苹果，于是孩子拿起它咬了一口。但是，这个“苹果”的质地和口感都与正常的苹果不同，这是因为它并非是一个可食用的苹果：它是用蜡做成的。孩子很可能会停止吃这个“蜡苹果”。孩子是如何从可食用的苹果中区分出不可食用的苹果呢？通常，这依赖于经验。由于孩子不仅见过可食用苹果，还见过装饰用的不可食用的苹果，于是他学会根据纹理、味道以及其他看似重要的特征来区分两种不同但又十分相似的模式（苹果）。并且，与猫或者狗碰到此类情景的表现不同，由于孩子们积累了更多的经验并且变得更加善于言辞，他们学会了理解真实和人工的概念，并且将其推广至除苹果之外的更多事物。这种类型的学习以及相关的推理在很大程度上依赖于我们识别模式以及从这些模式中识别特定显著特征的能力，这种能力经常使用从经验中学习、类比推理以及实例推理等术语进行描述。

虽然所有人都具备识别模式以及利用自身关于模式的知识来解决问题的能力，但每个人的能力却是不尽相同或能够彼此互换的。基因学和生活经历对于我们每个人会知道些什么以及具备何种能力起了很大的作用。除此之外，我们每个人都具备选择或多或少地学习不同问题领域的能力，并且每个人都可以形成自己解决问题的独特方法。这就部分解释了究竟是何种因素促使我们成了掌握特定技能或手艺的专家或擅长解决某些特定类型问题的专家。

20 世纪 70 年代和 80 年代那些使用人工智能来构建专家系统的研究者们探索了为什么一些人会被认为是专家的问题。很多早期的专家系统被开发为将一些被认为是某个特定领域的专家（并且正打算退休）的知识封装起来。早期的专家系统通常由一个知识库和一个推理引擎构成。一旦运作起来，许多成功的专家系统将被用于培训新手，或者为解决某些特定的问题提供建议或提示。

构建专家系统的一种方式是采访一名专家并且收集他/她是如何成为一名专家并解决特定类型问题的故事。这一采访过程被称作知识获取（knowledge acquisition），并且如果操作得当，将会产生一个特定领域的知识库以及一系列的支持推理过程的规则和程序（启发式的）。然而，尽管很多专家一般都能描述他们随时间增长的经历如何帮助他们感知问题领域中的模式并建立自身的领域知识，但这些专家通常难以清晰地阐述他们解决一个问题的细节[1]。很多专家会谈到他们曾开发的能够有效发掘隐藏在数据中的模式的小窍门或者他们同时基于相似性和差异性来对模式进行分类时所采用的新方法。然而，当谈到如何真正解决一个问题时，专家们或许会描述那些听起来像公式或者规则之类的策略，或者他们只会说是他们的直觉引导他们解决了一个问题。

使用直觉来解决问题意味着什么？是否因为专家解决问题的能力已经如此炉火纯青，以至于它成了一种类似于习惯的自动化行为，因而表现得像直觉一般？假设你非常擅长驾驶汽车。当你开车时，你是否有意识地想过踩油门、刹车或者打方向盘之类的动作要如何实施？通常，你不会下意识地去思考这些动作，因为驾驶对你来说已经变成了自动化或者出于直觉的活动了。然而，如果你处在一个非常有压力的驾驶环境中，例如在一个非常繁忙的州际公路交叉口，你必须快速地思考并驾驶（多任务并行处理），此时你会变得更加留心自己的动作。

某些人能够成为解决特定领域问题的大师或者专家的这一事实，强调了个体差异如何塑造出其独特的能力。尽管我们很多人都会开车，但只有少部分人会引以为乐并深入提升其在专业赛道上高速驾驶所需要的技巧。除此之外，尽管通常情况下，一个人擅长一两件事较为正常，很少有人能够同时擅长很多事情。这或许是为何人们倾向于组成团体的一个原因。在团体中，人们可以利用他们独有的技能对团队中的其他人给予支持与帮助，从而使得团体能够完成个体无法完成的很多事情。

不幸的是，我们中的一些人永远无法具备实施某些任务的能力，更不要说成为某些任务的专家了，这是由于我们与生俱来的或者人生某一时刻

---

[1] Collopy, F., Adya, M., and Armstrong, J. S., "Expert Systems for Forecasting", *In Principles of Forecasting: A Handbook for Researchers and Practitioners* (Ed. J. Scott Armstrong), Kluwer, 2001.

所获得的特定认知和/或生理上的局限所致。尽管很多感觉、直觉以及认知上的缺陷可以通过人造的设备，如假肢、助听器以及眼镜等进行弥补，但是一些功能性障碍，如脑瘫或者某些自闭症是无法轻易治愈的。幸运的是，人类的适应能力非常强并且往往能够进化出一套替代性的技能来弥补他们缺失了的技能。举个例子，耳聋的人常常能学会用肢体语言进行交流并且似乎强化了自己对手势和肢体运动所代表的含义的解释能力。此外，尽管耳聋通常被当作是一类缺陷，但在某些情景下，例如存在很多噪声的环境中，耳聋反而成了一种优势，因为耳聋者解决问题的能力不会受到外在噪声的影响[㊀]。因此，尽管某些身体上、感官上、感知上以及认知上的差异能够表征一个人的局限性，但某些差异会导致超凡的智慧和技能。

在下面的段落里，我们描绘了其他几类在某个特定场景下或随着人的衰老而表现出局限性的人类属性。

记忆和年龄

多年对记忆和大脑的研究表明，记忆是一个重构过程。对于一段经历的单独记忆并非坐落于大脑的某个特定区域；部分记忆会散落地分布在大脑的不同区域。记忆可以被想象成一个复杂网络，其中的线条象征记忆的不同元素，这些线条在结点或者交叉点处连接起来从而构成对人物、目标以及事件的一段整体记忆。这种分布式的记忆可以确保，即便大脑的某一部分受损，过往经历的某些部分仍然可以被保留下来[㊁]。

不幸的是，在记忆重建的过程中，人类或许会“突变”他们的记忆，

㊀ Sparrow, Robert, “Defending Deaf Culture: The Case of Cochlear Implants”, in *Journal of Political Philosophy*, Vol. 13, Number 2, 2005, pp. 135 - 152.

㊁ 关于人的记忆及其组织的出色介绍，请参见 www.human-memory.net。

并且当他们对过去发生的事情进行记忆重建时有时候会引入错误。举个例子，研究自传体记忆（autobiographical memory）[㊀]的学者们发现，往昔的建议和错误信念，以及那些并不是以个体自身经验作为来源的知识，能够提供不可靠的记忆构建基石。除此之外，一个人构建记忆时使用的错误信息越多，记忆就错得越离谱[㊁]。

记忆重构的能力也会随着我们的衰老而逐渐退化。随着人们步入老年，他们或许会开始表露出与年龄相关的局限性，如退化的感官功能（视力变差）、运动技能（肢体平衡困难）以及认知能力问题（记忆丧失）。在某些情况下，退化的感官能力会产生一系列的连锁反应，产生错误的感知和认知，进而导致概念/模式形成能力衰退以及更为严重的记忆扭曲倾向。举例来说，当人上了年纪，他们的嗅觉功能可能就会逐渐地消退，这就意味着他们无法再依靠气味来检测食物是否变质。因此，如果某种食物令他们恶心呕吐，他们或许会停止食用；或者他们也许会使用另一种感官（如视觉）来鉴别食物是否变质（这是因为新鲜的食物会显现出一种特定的颜色，这种颜色会随着食物的腐化而改变）。不幸的是，由于衰老同样会影响他们的视觉功能，这种功能补偿本身也开始变得不可靠了。[㊂]

除了有感官以及感知环境的问题，有些人还可能无法记起他们感知到的很多甚至任何事情。这通常是某些类型的痴呆症患者（如阿尔茨海默病病人）所面对的问题，并且这种记忆缺陷会影响他们65岁之前的行为和表

㊀ Loftus, Elizabeth F., "Illusions of Memory", in *Proceedings of the American Philosophical Society*, Vol. 142, No. 1, pp. 60-73, March 1998.

㊁ Hyman, Ira E. Jr. And Loftus, Elizabeth F., "Errors in Autobiographical Memory", *Clinical Psychology Review*, Vol. 18, No. 8, pp. 933-947, Elsevier Science Ltd., 1998.

㊂ 译者注：在本书中，统一使用“感官”代表 Sensory，“感知”代表 Perception，“认知”代表 Cognition。

现。随着年龄的增长，我们会进一步丧失高效执行多任务的能力，特别是当我们罹患痴呆症的时候。尽管我们或许仍然可以在同一时刻处理两件事情，但是执行这些并行任务的效率会大大降低。举例来说，很多存在肢体平衡问题的老年人很难做到一边走路一边说话，这是因为他们必须将注意力集中在肢体平衡上以免摔倒。一些关于多任务执行的研究表明，多任务执行是一项因人而异的技能，它随着时间的推移被个体逐渐掌握并且与个体对可用注意力和认知资源（如记忆力和语言理解力）的规划和管理以及对任务协调策略的执行有关系。由于多任务执行是一项技能，因此婴儿很难在行走的同时发出声音。对多任务执行的研究表明，高级的认知过程似乎干扰了那些貌似自动化的过程，例如行走，并且由此类干扰造成的共同成本在人类生命周期的两端非常显著。有些研究者目前正在开发能够改善多任务执行能力的电子游戏。一则被广泛报道的案例是一款名为 *NeuroRacer*[㊀] 的游戏，2013 年发布的研究报告结果显示，该款游戏能够提升老年人在多任务执行上的表现，并且实际上可能逆转一些与年龄相关的记忆以及认知缺陷，如图 4-1 所示。

图 4-1　使用游戏来充实记忆（Gazzaley 实验室）

㊀ *Gazzaley Lab, "Video game training enhances cognitive control in older adults", http://gazzaleylab.ucsf.edu/neuroscience-projects/neuroracer/.*

目前，也有其他一些公司基于这种或者与之类似的想法来开发游戏或者网站。

情感和压力

人类的惊人特质之一就是可以通过情感来传达复杂的思想。当我们与他人交互时，我们同时在身体上、智力上和情感上产生交互。我们每个人都有一些基本的情感，包括气愤、恐惧、惊讶、厌恶、高兴及悲伤等。从这些基本情感中，我们能够习得如何识别他人的情感并从友好的意图中辨别出敌意，从气愤中辨别出兴奋，从悲伤中辨别出恐惧等。

人们有多种表达情感的方式，无论是语言的还是非语言的（通过肢体运动和面部表情）。人们通过学习知道如何解释情感的表现。例如，一种生气的表情可能是在警告我们远离某人，而一种快乐的面部表情则可能是在鼓励我们与某人交往。

一些能够传达某些基本信息的面部表情和肢体动作的含义似乎会因文化而异。例如，在印度的某些地区，人们往往通过上下点头的方式来表达对某事的拒绝或反对。相反的是，在美国这一同样的点头方式却意味着赞同。这种对肢体运动解释的差异会造成人们在跨文化交流时产生些许微妙的误解。

情绪可被用于传达某一特定情境中的多种信息。早期的希腊剧场使用喜剧和悲剧面具来帮助演员向观众们传达某些动作所代表的快乐和悲伤情绪。如今，当人们发短信和邮件时会使用各种表情符号来传递他们的情感。目前存在众多可用的表情符号，这也表明了情感的表示是多么的复杂多样。有人可能会选择某个表情符号来传递快乐的情感，但是当他们想要同时传递快乐和兴奋两种情感时，他们会选择一个更加复杂的表情符号。

我们的记忆同样也受到与过往经历有关的情感的高度影响。一段经历的情感内容能够影响我们将经历存储为记忆的方式、重构记忆的能力以及对此段经历的记忆如何对人们在未来的行为起作用。举例来说，糟糕的情感回忆可能会鼓励我们回避特定的地点和人物，并且最小化我们承担某些风险或者实施某类任务的意愿[一]。

已有很多致力于解释我们的情感偏见是如何影响我们对环境的解释并且如何影响我们的行为的书籍和期刊文章。情感会影响我们如何解决问题、与哪些人建立密切关系以及日常生活中所做出的抉择。尽管情感上的偏见能够提高我们生存下去的概率，但也会限制我们的好奇心[二]、探索的意愿以及我们对于环境变动的接受能力。

近来，一部名为《头脑特工队》的电影（英文：Inside Out，由皮克斯与迪士尼影业制作发行，2015 年公映）阐释了不同情感如何影响我们对于世界以及自身行为的理解。在这部电影中，独特的动画生物们被用于代表电影主角的几种基本情感，如欢乐、忧伤、恐惧、厌恶以及气愤。影片中，随着特定情景的出现，我们得以观察到这些情景如何被不同的情感生物做出不同的解释和回应。影片使用存储于长期记忆中的彩色水晶球来表示记忆。对于某种情景的反应受到一个可被任一情感生物所操控的控制台的影响。影片中展现了一种情感生物——“乐乐”，是如何试图阻止其他情感生物（譬如“忧忧”）来存储一段记忆或者使用一段存储的记忆作为回应某些特定情景的依据的。尽管从影片的目的考虑对这一过程进行了简化，但这部影片仍展现了情感内容的若干核心方面是如何影响记忆和行为的。

㊀ Neisser, Ulric, *Memory Observed*, *Remembering in Natural Contexts*, W. H. Freeman and Company, 1982.

㊁ Kahneman, Daniel, *Thinking Fast and Slow*, Farrar, Straus, and Giroux, NY, 2011.

很多环境状况都能引发特定类型的负面情绪反应，如恐惧和愤怒等，这些会对我们的正常行为运作产生影响。有时负面情绪甚至会导致生理上的不适以及疾病。我们往往将这种施加于个体的影响称作压力。特定类型和程度的压力与个体制定特定类型决策的能力高度相关。举例来讲，我们绝大部分人都会认可如下情况，即身处或者讨论一些自然或者人为的灾难时会引起我们的情绪波动以及某种程度的压力，尤其是当问题的情景会给我们或者我们认识及关心的人带来影响时。天气预报经常充斥着各种正在临近或者正在发生的自然灾害的信息，如飓风、暴雪、龙卷风、地震等。如果我们正在规划一次旅行，而正在此时，有预报声称上述的某种自然灾害将会发生，那么我们的旅行计划，例如航班，就可能会被延迟或者取消。航班的延迟或者取消可能引发压力，因为我们无法对这一情况或者潜在的负面效应进行掌控。

两种最为显著和常见的应对压力的反应是迁徙和斗争。举个例子，如果我们居住在某个地理区域且有预测表明某种自然灾害将会发生，我们的求生本能或许会致使我们离开所在区域（即迁徙）。但是，如果我们已经在该区域生活了很久，并且在过去经历过的类似灾害中存活了下来，我们可能会决定留下来并且采取某些局部措施（如把窗户围住）从而预防灾害（即斗争）。迁徙和斗争是动物王国里两种最基本的压力应对方式，但对人类来说，迁徙和斗争在本质上与人类的复杂规划以及围绕追求的可选项做出决策的能力相关。

举个例子，2005 年 8 月份，飓风卡特琳娜席卷了美国，如图 4－2 所示。卡特琳娜对墨西哥湾沿线从佛罗里达州中部到得克萨斯州的广大地区造成了严重破坏，许多破坏是由风暴潮以及基础设施瘫痪导致的。用于人员疏散的道路被试图逃难的人群挤得水泄不通。

图4-2　2005年8月29日，极度危险的4级飓风卡特琳娜登陆，随后席卷了路易斯安那州东南以及密西西比州南（授权：GOES项目科学实验室㊀）

尽管事先的预警使得部分人提前对风暴的到来进行了准备，并且许多人已经离开了可能遭受灾害袭击的区域，但仍有许多人没有离开并且被迫在飓风来临时待在拥挤的避难所里。超级穹顶体育场（The Superdome）为很多没有撤离的新奥尔良市市民提供了庇护，但它也遭到了巨大的破坏。很多人在这场飓风中丧失了生命或者自己的家园。

有人可能会认为灾害救援工作在美国这样的国家会很快地展开。不幸的是，为任何遭受灾害袭击的区域提供救援都需要时间和后勤协调，此外，救援工作还可能受到当地政府规章制度以及基础设施损坏情况的阻碍。对卡特琳娜飓风灾害救援工作的延误引起了很多受难群众的愤怒。人们不仅没有得到及时撤离，很多人还不得不处理自然灾害发生后的其他常见问题，包括食品和水资源短缺所导致的犯罪率上升（如抢劫），以及由过度拥挤、

㊀ 更多关于卡特琳娜飓风的信息，请参见 www. livescience. com/22522 - hurricane-katrina-facts. html#sthash. 3WK2g1ht. dpuf。

安全饮用水以及卫生设施缺乏所导致的健康问题等。

即便灾害已经过去了几个月甚至几年，很多人依然身陷丧失爱人和财产所引发的情感和经济问题当中。很多曾经生活或者工作在遭受卡特琳娜飓风影响区域的人变得无家可归，并且很多人因此而失业了。有统计数字表明，在飓风发生前，该地区提供了大约 100 万个非农业工作岗位，其中有 60 万个岗位位于新奥尔良。该统计的作者估计，路易斯安那州和密西西比州的经济损失最终将会超过 1500 亿美元。

除了在面对充满压力的情景时会表现的不同，我们每个人对造成压力的问题的反应速度也不尽相同。一些人可以很快地做出决策，而其他人则会进入一种震惊模式并变得无法做出任何决策。在极端的压力之下，一些人患上了创伤后压力心理障碍症（Post Traumatic Stress Disorder，PTSD）。举例来讲，研究飓风（如卡特琳娜）所带来的经济、社会、生理以及心理影响的学者们发现，很多亲身经历过飓风及其余波的人出现了 PTSD 症状，其中有些人的症状在风暴过去后仍然持续了很久。压力对于身陷灾难中的人们来说是一个如此常见且受限制的问题，以至于一些网站（例如，http://www.mentalhealthamerica.net）被开发出来以向公众提供如何识别和处理压力的小技巧。

处理灾难仅是人们由于情感和压力的复杂相互作用引入的局限性而引发的物理和/或认知行为的能力遭受挑战的一类问题情景中的一个实例。处理一种自然灾害所带来的各种挑战，目前来讲超出了当今任何一种单项技术的能力范畴。不同技术组合构成的网络有望能够提供一些帮助。举例来讲，移动电话系统和电子布告板已被广泛用于帮助家庭成员寻找他们挚爱的亲人。可被有效用于搜寻灾后被掩埋在废墟中的人们的特种机器人已被研发出来。一些复杂规划的决策支持系统软件被开发出来，被军方和地方政府用于更有效地应对并管理救灾活动。换句话说，一些用来向处在情绪和压力情景下的人们提供支持的计算化工具正在研发之中，这是通过人类和技术共同构成的社会来实现的。

社交化和移动性

我们生来就具备爬行和抓取的能力，因此我们能够轻而易举地探索环境并与环境交互。我们中的一些人学习走路、开车，乘飞机去其他地方甚至飞往外太空。还有一些人学习好几门语言，从而可以跨越文化障碍与他人进行社交活动。我们和他人组建社会以及情感纽带并常常参加一系列的社团活动（如足球队、读书俱乐部、专业组织等）。然而，与一台计算机相比，我们在物理移动性方面却存在很大劣势（一台身在美国的计算机可以在几毫秒内连接至另外一台远在中国的计算机，然而一个美国人即便乘坐最快的航班也需要一天的时间才能到达中国）。

常见的机器和自动化设备早已被用来增强我们的移动和社交能力。尽管汽车和飞机使得我们在地理上的出行更加便捷，信息技术则提供了另一种形式的移动性，使得我们可以借助电话、邮件、短信、Facebook、Skype以及其他一些社会工具来探索、交流并维系社会关系。虚拟现实技术，以前曾一度被认为是科幻小说或者仅限于实验室中研究使用，目前正被市场推广为一种提供移动性的方法[一]，这对那些肢体移动或者旅行能力受限的人来说尤为如此。举例来说，虚拟环境例如虚拟老年中心（Virtual Senior Center）被用于帮助闲居在家的老人与朋友们交流互动并且参与到社会群体中来。早期的研究指出，很多老年人的报告显示，他们在使用此项技术进行虚拟社交后，比没有使用该技术时更加开心了。通常，与他人的交互，无论是面对面的还是虚拟的，都会趋向于改善个体的生活品质。

人类是社会化的动物。一些关于人类在面对自然灾害时如何进行反应的研究指出，人类倾向于在灾难面前团结起来从而缓解压力和脆弱感。关

㊀ Kamieth, F. et all, “Exploring the Potential of Virtual Reality for the Elderly and People with Disabilities”, cdn. intechopen. com/pdfs/13659. pdf.

于这方面的许多议题在一篇发表于 2012 年的《科学美国人》杂志上的文章[㊀]中进行了探索。很多思考目前集中于评估和决定这些技术在社交中的使用是否能够有效帮助减轻物理距离所带来的人类局限性。

人类和工具

长期以来，人类创造工具来增强他们的能力并且支撑他们的需求，这一点可由早期文明的考古发现作证。在工业革命以及最近的信息革命时期，人类经历了自动化技术的重大变迁。织布机被创造出来用于帮助提高布匹的产量；电话改变了人们与远方的人进行交流的方式；计算机技术帮助人们实施很多不同类型的计算任务，包括监控和管理工厂、分析医疗数据、支持指挥与控制、管理财务记录和图片等。计算机技术还将继续得到发展。

万维网及其浏览器和搜索引擎，将教育、图书馆和商场带入了普通家庭。尽管有些人被认为是新技术的早期采纳者，其他人却不愿意接纳和采用新技术，一是因为他们不懂这些新技术是如何工作的，二是因为他们不相信技术是正确的或者因为新技术的获取和维护成本太高。举个例子，拥有计算机的用户数从 20 世纪 70 年代起迅猛增加。这其中的部分原因是购买计算机的成本极大地降低了，同时计算机的交互界面得到了改善。此外，其他常见的原因还包括家中的孩子需要使用计算机来完成家庭作业，以及更为常见的，使用计算机来进行采购并且管理收入和支出。

对人工智能技术的接纳也不例外。尽管很多人并未留意到，人工智能技术目前已经能够被可靠地应用于我们日常使用的许多系统和设备中，例如我们开的车、乘坐的飞机以及家中使用的供暖系统等。除此之外，人工智能技术还催生出了很多算法，这些算法被用于管理空中交通、交通信号灯、预订酒店和航班，以及支撑先进的物流系统等。

㊀ www. scientificamerican. com/article/how-the-stress-of-disaster-bringspeople-together/.

今天的许多教育工作者和家长试图利用科技来对孩子们进行工程、科学以及技术素养方面的早期训练。这导致了一系列特定的针对科学、技术、工程以及数学（STEM）主题的教育项目被引入到全美的许多学校之中。有些家长向他们的学龄前孩子引介诸如机器龟（Robot Turtles）之类的玩具，如图4-3所示，这样孩子们就可以在娱乐的同时学到科学和工程相关的技能。

图4-3　机器龟玩具

（来源于 www. robotturtle. com）

其他玩具和特定的技术也正在研发之中，用于满足孩子们不同类型的学习需求（如自闭症）。

人工认知计算技术，例如智能家居传感系统、记忆提醒设备以及机器人也正在研发中，用以向老年人提供支持。举个例子，帮助老年人进行肢体锻炼、服药或者做一些家务劳动的专用机器人正在被研发与设计。许多国家例如日本正在研发家庭护理机器人，这些国家的老年人人口众多，机器人能够为独居在家的老人提供一系列的支持服务。

机器能够改善人类的局限性吗

本章中，我们已经描述了，人类，尽管非常不可思议，但仍然会受到自身生理、心理、情感或者社会条件的限制。我们列举了许多例子来描述技术如何被用于改善或消除这些限制。第二章介绍的认知计算技术是该项工作的一个重要方面。这些技术有望在人类需要它们的时候为人类提供专业知识（取代旧式的基于知识的系统），并且有充足的证据表明，这些类型的系统能够为那些遭受人类局限性——如记忆力下降（根据阿尔茨海默病协会的说法，记忆力下降未来将变得十分常见）——的人们提供支持与帮助。此外，根据阿尔茨海默病协会官网（http://www.alz.org/facts/）提供的信息，身患阿尔茨海默病以及其他痴呆症的美国患者数量将会逐年增长，因为美国 65 周岁及以上的人口无论规模还是占比都在持续增长。到 2050 年，65 周岁及以上的阿尔茨海默病患者数量将会是现今的 3 倍，从 510 万上升至大约 1380 万，除非医药科技取得重大突破，发明出预防或者治愈该疾病的有效药物。

人类是富有创造力的问题解决者并且将会持续拓展并增强智能计算系统。一种能够用来设计未来认知计算系统且极富前景的技术是一类被称为深度学习[㊀]（deep learning）的机器学习技术。深度学习算法使用多种新型的表达范式以及基于神经网络的机器学习技术来通过经验进行学习并获得提升。很多大型企业，从 Google、Facebook 这样的互联网巨头到传统的商业领导者（例如通用电气公司和 IBM），都在尝试使用该技术。直到前不久，还从来没有一种机器学习技术能够在围棋项目中击败人类，因为围棋

㊀ Jones, Nicola, "The Learning Machines", Nature, Vol. 505, pp. 146 - 148, January 9, 2014, provides an informal introduction to this technology. We will reference other more technical articles in later chapters.

需要观察到尚未形成的模式并且要从过去的经验中去学习。然而，2016年，Google 宣布其 DeepMind 系统的其中一个版本（称作 AlphaGo）能够成功击败欧洲顶级的围棋冠军了。Google 的算法能够利用人类提供给它的信息，并且能够通过自己与自己对打的方式（http://www.wired.com/2016/01/in-a-huge-breakthrough-googles-ai-beats-a-top-player-at-the-game-of-go/）进行自主学习（第三章有更多关于人工智能和围棋的讨论，并且我们将会在后续章节中对深度学习展开深入探讨）。

目前，我们的社会系统试图通过医学上的方法（使用药品或者提供假肢）、社会保障方法（如提供不同类型的高级家庭护理）以及一些技术设备（如可穿戴的提醒工具）来克服诸多的人类局限性。高级的决策支持技术显现出了能够帮助人们克服多种自身局限性（尤其是认知方面的局限性）的潜力，正如前面所讨论的那样。

在接下来的几章，我们将会更加细致地对这些技术进行探索。我们将会看到计算机是如何被教导实施一些认知任务的，这些认知任务包括更好地处理人类语言以及处理认知和视觉问题，而解决这些问题所需的感知功能长期以来被认为超出了机器的理解范畴。我们还将探索这些系统未来可能的前进方向。

然而，在那之前，我们必须认识到，这些认知计算系统目前仍然处于初级阶段。我们还没有任何确凿的证据能够判断这些系统随时间的推移或者在一个更为宽泛的领域空间中究竟会表现如何。有一些公开的担心之处和议题需要进行深入探究。如果认知计算技术使用经验以及多种数据源来解决问题，这种技术会不会最终像人类已经存在的在记忆方面的问题那样，表现出与人类同样的缺陷？举个例子，考虑一种将多源信息融合在一起的认知计算引擎，如果一些用于产生解的数据源本身就是错误的，引擎是否会倾向于生成错误的解决方案？情感如何被这类系统纳入其中并且/或者被合理表示？一个认知计算系统会发展成为能够理解种类繁多的信息吗，或者一套认知计算网络能否相互连接从而支持分布式计算？人类是如何与复杂认知计算系统进行交互的？人类和计算系统的交互界面是否会改变，从而使得一些计算技术可以被穿戴（正如谷歌眼镜那样）或者像芯片还有假肢那样被嵌入到人体之中？对于研究者、系统开发者以及政府组织来说，当他们判断先进认知计算技术、感知技术、机器人、自主系统和虚拟社会网页及其工具将如何演变为常用技术时，仅需要解决少数几个问题。沿着对这些技术的讨论，我们将回到某些议题，并探索其中的一些正在触发第一章所讨论的对新兴认知系统的警告的潜在危险。

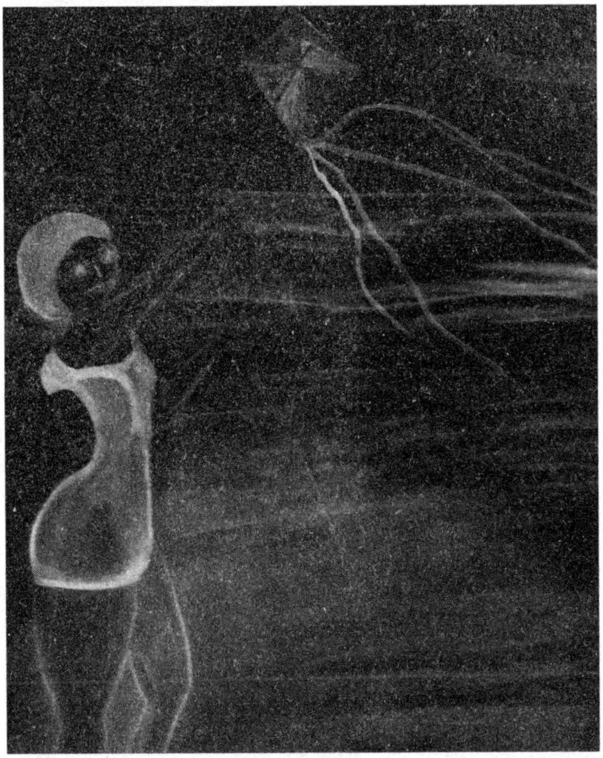

第五章 计算机目前还不能做的事情

人工智能就是计算机目前还不能做的事情。

——来自于诸多不同的 AI 早期研究者，

特别是 Larry Tesler，

加利福尼亚 1970 年

正如在第一章所提到的，这些年来，人们对人工智能机器能做什么和不能做什么的态度发生了很大的变化。几乎每一个通过定义一个“计算机永远做不到”的任务来表现人工智能具有某些先天缺陷的尝试，要么到现在为止已经失败（例如宣称计算机将永远不会在象棋或围棋中战胜人类）；要么正在随着人工智能的发展，面临失败的风险。其他关于人工智能系统局限性的声明，基于哲学或者宗教信条中的例子，是很有趣的讨论素材，并且从长远来看可能会很重要，但实际上，它们并没有说出这种现象背后的本质。即我们是否能将机器看作一种有意识的生物的论点，例如，当我们争论是否应该允许它们进一步控制我们驾驶的汽车、管控空中交通、军事应用等时（我们稍后将在本书中采用一种更加实际的方法来探索这些问题，考虑这些人工智能系统的反乌托邦观点以及我们应该怎样阻止它们），实际上这在短期内并不会有太多实际意义。

同样，对于许多计算机不擅长的事情，我们也很难去设置界限。例如，现代人工智能项目的一个实实在在的问题，正如我们接下来要讨论的，是希望提高机器人使用自然语言与人类进行交互的能力。尽管很明显这一领域中仍存在很多重大的问题有待解决，但也在持续发展。在过去的几年里，类似 Siri 这样的系统——它是 Apple iPhone 上一个能在有限领域内处理大量查询的虚拟助手——已经得到了广泛应用。在 2011 年，我们见证了一个重大的突破，那就是 IBM 的沃森在智力问答节目“危险边缘”中击败了世界上最厉害的人类选手。那些能够把从报刊文章、社交媒体帖文和口头对话中提取的信息组织起来的系统正在飞速发展。即使有人认为计算机永远都不能通过图灵测试（见第三章），难道我们就不能到达一个足够接近所有目标和意图的点吗？

因此，在本章中，我们采取一种稍微有些不同的视角。在前面的章节中，我们考虑了人类总体上的局限性（并不是所有的人都会遭遇这些问题），并强调了计算机可能帮助人们攻克的某些方面。在本章中，我们将考虑人工智能项目仍在与之斗争的某些事物，它有哪些潜在可以改进的地方，并且重点探索人机协同进行工作将获取最大利益的那些领域。

让机器理解人类使用语言的方式

今天人们使用计算机时抱怨最多的一个问题是计算机似乎永远不能理解他们真正问的是什么。本章开头的引言正是一个很好的例子。在寻求该如何为本书的这一部分命名时，我们想到了很久以前听过的一句引述，“人工智能就是计算机目前还不能做的事情！”由于这句话并不是我们提出的但我们又想去引用它，理所当然的，我们想找出是谁最先说出这句话的，以便能给出合适的引用。这看起来像是一个相对而言非常简单的搜索。

最开始我们在各种搜索引擎中输入这个问题“谁说了‘人工智能就是计算机目前还不能做的事情’这句话?”。然后尝试了以多种方式在几个不同的在线系统中查询这个问题。大多数搜索引擎将我们带到了同样的地方：一些带有 AI 领域相关引语的页面。然而没有一个页面给出了这句话的实际引用来源。我们也多次反复地追踪到了一篇 2014 年的博客，它的名字与该引言相同（但是并没有标明这句话的来源），以及大量的使用了该句子的新闻报道、博客或者故事。其中许多文档确实包含这个引语，却没有一个说明它来自哪里。

令人沮丧的是，我们在 Facebook 和 Twitter 上贴出了这一查询。几分钟内，就有人给出了意见。有几个人将我们引向了标题为“人工智能效应(AI effect，https://en.wikipedia.org/wiki/AI_effect)”的维基百科主页，其中包括如下的文本：

Douglas Hofstadter 引用 Tesler 的理论：“人工智能就是那些目前还没做成的事情”，简明地阐述了人工智能效应。

还有一个脚注说明：

Hofstadter 引用（1980 年，601 页）。Larry Tesler 实际上觉得他的话被误引了：见 Larry Tesler 的简历中对“格言”部分的注释。

Tesler 简历[㊀]的这部分，使用如下陈述描述了他的格言：

Tesler 理论（加利福尼亚，1970 年），即是我对别人所说的“人工智能效应”的公式化。一般的引用说的是“人工智能就是那些目前还没做成的事情”，而我实际上说的是“智能就是机器目前还没做到的那些事情”。许多人通过所谓的独一无二的智能来狭义地定义人类。这些人说：但凡是一台机器，或者一只动物能够做的，那肯定不是智能。

这个看起来最接近我们所要查找的内容，也正因此，我们在本章的开

㊀ http://www.nomodes.com/Larry_Tesler_Consulting/Adages_and_Coinages.html.

头使用了它。

然而，值得注意的是，无论是在 Twitter 还是在 Facebook 上，我们都收到了很多其他的建议和评论。有人记得在人工智能的早期，从许多名人那儿都听到了这句话，我们的许多朋友认为他们在书里或文章中（它们中的大部分都不再出版了）看到过这句话，当然还有许多旁注讨论了这句引言并指出了与之相关的一些其他事实，例如，它明显是某种对德莱弗斯的书的回应，该书在前面的章节讨论过，书名为《计算机还不能做的事情》。

不仅搜索引擎无法准确查到这句话的来源，使用基于 Watson 危险边缘系统（不是 IBM 的沃森，而是利用相似的规则设计的另外一个系统[㊀]）而设计的一个程序，我们查询了同样的问题。系统推荐了好几名 AI 研究人员，包括我们的同事提到过的一些人，而且能够确定某些来源，但它却不能够像我的朋友们那样来围绕解决问题来进行推理。也就是说，和搜索引擎一样，该程序能够确定来源，却不能生成任何给人以启发的言论。

这则趣闻是一个很好的例子，可以表明计算机在试图理解人类所使用的语言时所面临的一些复杂性。首先，今天的 AI 技术工作的主要方式是通过查找文献（由人类所写）来帮助回答一个提问或帮助一个人解决问题。使用过搜索引擎的人都知道，即便只是这样也是很难做到的，很多时候，系统返回的结果令我们非常懊恼。检索到的文献并不一定能达到我们的预期。其次，人类语言的用途不仅仅是查找文献或者问题：人类在很多不同的情境下都使用语言。此外，虽然我们已经在问答领域见证了 AI 的巨大进步，但是以满足图灵测试标准的方式进行真正“交谈”的计算机还将面临进一步的挑战。我们下面将重点讨论这些问题：搜索探索、自动问答以及当前 AI 领域正在开展的语言系统的研究与开发。

㊀ 该系统的详细情况见 http://www.slideshare.net/jahendler/watson-summerreview82013final，并且它要早于 IBM 向开发者提供的沃森的 API。

语音识别与语言理解不同

当人们谈论计算机使用自然语言与人类交互时，很重要的一点是区分两个十分重要但却经常被人们混淆的概念。这个通用领域有时被称作人类语言技术，但是AI研究者们对其中的两个概念做了区分：一个是识别一个人在讲话中的语言，这称作语音识别；另一个是理解这些词语的含义，该领域通常被称为自然语言理解。

为了弄清楚两者的区别，我们考虑一个著名的例子，这个例子和本章开头的引文一样，并不知道到底是谁最先提出来的。想象一个人对着手机或者其他的语音识别系统大声说：“计算机能识别语音吗（Can a computer recognize speech）?”众所周知，这句话在标准英语发音中与“计算机能击毁一个美丽的海滩吗（Can a computer wreck a nice beach）?”[㊀]很相似。事实上，这要取决于一个人的口音、使用的上下文以及讲话时环境中的噪声，计算机仍然很难区分这两句话。

尽管这是一个有些特殊的案例，语音识别是识别大声说出的话语的能力。在过去的几年里，语音识别系统取得了巨大的进步，并且现在语音交互界面也变得更加强健了。许多公司现在都提供语音识别服务，而且语音到文本的转换系统已经足够精准以至于许多人开始将它们作为键盘输入的替代。许多语言的语音识别系统正在开发之中，以往人们使用电话自动回复器所遇到的种种问题，正迅速成为过去。

即便如此，这些系统仍然有很大的改进空间。问题可能出现在很多方面。一些是信号处理的问题，例如，当前最先进的语音识别系统在识别某些情景下的语音上，如识别儿童的语音、噪声环境中的语音、多人交谈时的语音、带口音的语音，仍然面临很大的困难，特别是当系统识别的是非

㊀ “怎样破坏一个漂亮的海滩”已经成为有关语音识别问题的书、电影和博客的名字，这一例子已经非常有名。

母语讲话者的语音时。

语音识别系统要处理的另外一个难题是发音问题，这是一个本质性问题。例如，在英语中，一个人可以通过改变语调将一个陈述句改变为一个疑问句（通常在句子结尾的升调将会暗示着一个疑问）。同样地，在英语中，如果你说一句“你喜欢冰淇淋吗?”并且在不同的音节上进行强调，那么虽然这个句子不变但是意义却会发生微妙的变化。强调“你”将意味着这是针对你正在说话的那个人的询问，而强调“冰淇淋”则意味着该问句强调的是食物而不是人。致力于识别这些微妙之处的某些语音系统正在被设计中，但大多数系统仅是以与原句相同的方式进行转录。在许多语言中，如中文，语调对于内容的理解是至关重要的，并且它能够改变话语的意思。例如，中文的音节“da”根据发音而有不同的意思，“打”“答”“大”和“耷”，每个都可以转录成不同的书面语。

然而，即便话语能被识别出来，要理解它们的含义以及计算机要如何响应仍然是一个问题。在本章的后续部分，我们将把注意力集中在语言处理而不是语音识别的问题上。值得注意的是，某些问题同时适用于两者。例如，我们将在下一节中讨论语言理解中的歧义问题；其中一些问题在语音领域中也存在，当处理那些发音相同但拼写不同（代表不同的含义）的单词（如“sight”“cite”和“site”）时也会出现这些问题。许多当下的语音系统，通过使用接收到的语音信号之外的一些语言信息以及接下来我们将要讨论的一些技术，已经能够正确地转录“我怎样引用一个网站”（how do I cite a website）这句话了。

语言的歧义

计算机理解人类语言时面临的一个重要挑战是，同样的词语被用于表示不同的事物时会产生极大的歧义。造成这种歧义的原因有很多：相同的单词能代表多重意思，一组单词根据不同的语法进行组合形成的序列可以表示不同的意思，而且同一组词在不同的上下文中可以有不同的含义。尽管在本小节中我们使用的是英语中的许多例子，但值得注意的是，这些问题几乎在今天所有人类普遍使用的语言中都存在。一些语言可能面临的问题更多，但是它们都是计算机语言理解所面临的共同挑战。

考虑“run”这个英语单词，它通常被作为一词多义的典型代表。这个词可以表示快速移动（跑，不是走）、操作某个东西（操作机器）、参加选举（竞选公职）、开展一项活动（跑腿办事），以及许多其他的含义。有些只有细微的差别（例如“跑步”和“爬楼梯”，都表示快速移动，但是暗含着不同的活动），有些仅表现在单词的语法形式上［例如，在“黄油流了出来”（the butter ran）或者“蛋奶是松软的”（the souffle was runny）中，“run”暗示流体状态］，还有些仅在语境中才有意义（例如“run down”可以表示疲劳或者被车撞倒，但是通常并不包含与竞选相关的含义）。这些仅是该单词的少数几种应用场景，事实上，单词“run”在字典中的含义高达几百种。

英语中，许多单词都有多种含义；它们中的一部分仅有一到两个含义，但是大部分在不同的上下文中都有多个含义（专业术语是“一词多义”）。考虑单词“tank”，作为名词时，可以表示养鱼的东西，存储气体或液体的地方，或者一种军事武器。当询问“我在哪儿可以买到一个‘tank’时?”计算机就面临着决定你所寻找的到底是什么物品的问题。我们尝试的不同搜索引擎给出了不同的建议，一些倾向于军事运载，一些倾向于液化气罐或蓄水缸，但是都没有推荐鱼缸作为首要选择。原因可能在于尽管最常购买的是鱼缸，但通常在查询时会问“我在哪儿可以买到‘fish tank’”而不仅仅是“tank”。

当把包含多种含义的多个单词组合在一起时，这一问题将会变得更糟。关于这点有一个来源不明的［但通常认为可被追溯到研究人员安东尼·欧廷格（Anthony Oettinger）于1966年发表在《科学美国人》杂志上的一篇文章[㊀]］著名例子，是一句谚语“Time flies like an arrow”。正如作者所表达的，“time”既可以是名词也可以是动词，“flies”同样也可以指复数名词或者动词，而“like”可作为一个动词。根据这点，这句话就能给出四个不同的含义。

1. 时间的流逝就像飞走的箭一样，这也是该谚语通常的含义（表示时间流逝得非常快）。

2. 使用与测量箭头飞行时间一样的方式，来测量苍蝇的飞行。这被理解为，要求听众使用测量箭头能飞多快的方法来测量苍蝇（一种昆虫）的飞行能有多快。

3. 采用箭头会使用的测量苍蝇飞行时间的方式，来测量苍蝇飞行的时间。虽然看起来很荒谬，但是这些词却可以组合起来，这表示要求用户像其他用户实施某动作一样对该项动作实施操作。

4. “Time flies”是喜欢箭头的一个实体。这个看起来有些愚蠢的版本，合乎语法，却给了这个例子多年的持久力。它产生了幽默感的语言［有时被认为是葛荣乔·马克思（Groucho Marks）说的］，“时间苍蝇喜欢箭头；果蝇喜欢香蕉”。

这个例子看起来琐碎无聊，因为只有一个意思是使用这句话的人要表达的。但在实际生活中存在各种各样的这种类型的语法歧义。让我们看一下图5-1中的第一个标志。这是一个取自英格兰南部某个码头的标志，需要使用上述第四种解释“time flies”的方式（就像“fruit flies”）来理解“waste oil”这个短语。如果不将这两个名词组合起来理解，就会导致上面所说的问

㊀ Oettinger, Anthony, “The Uses of Computers in Science”, Scientific American, Volume 215, September 1966, p. 168.

题，读者会理所当然地认为这是鼓励人们在这个地方浪费油。

一个更加微妙的例子如图 5－1 的第二个标志所示，这是在位于美国中西部的一个监狱附近拍摄的。如果读者认为这个标志意味着搭便车的人有可能是逃犯（如图中所暗示的），那么他们将不会停车，也不会让别人上车。然而，错误地解释图中的组合短语则会暗示搭便车的人正试图逃离罪犯的威胁，在这种情况下，不让他们上车就是不对的做法。此处，单词“逃离（escaping）”被用作一个动名词，这是一种动词（escape）通过添加后缀“ing”而变成名词修饰词的情况。然而，这不一定是其他场景中想要表达的意思。

图 5－1　这些标志展示了那些既可以作名词又可以作动词的单词可以显著地改变语言的潜在含义

例如，当我们读到“难民们正在逃离打击报复”这句话时，我们会毫无疑问地意识到“逃离”的含义与前一种情况相反。

为了帮助计算机正确地理解这些例子，我们需要为计算机制定规则，让计算机能够识别“time flies”组合起来的这个术语是错误的，但是对于“fruit flies”，这样做是正确的；“waste oil”通常是一个名词短语，尽管“waste”通常被用作动词（例如，“waste time”）；而“escaping inmates”用作动名词组合短语时才有意义，但也并不总是这样。

其他类型的语言歧义也会使计算机产生许多问题。例如，名称的歧义将会给搜索引擎造成许多问题。这可能是由于名称的不唯一性所导致［当用户搜索约瑟芬·史密斯（Joseph Smith）这个名字时，会发现许多同名的人]，或者是因为人们取名的时候经常互相使用别人的名字。雅虎实验室的彼得·米卡（Peter Mika）在他2014年发表的一次演讲中，展示了搜索引擎在使用机器学习方法去识别单个实体时遇到的一个困难⊖。在他的演讲中，他给出了雅虎在扩展其搜索引擎功能时需要进行修正的两个幽默的错误案例。在第一个例子中，他展示了说唱歌手艾斯·库伯（Ice Cube）的照片如何被用在了描述碎冰块的网页。另一个例子，如图5－2所示，他展示了一个著名的画家和他的同名漫画书是如何被混淆的。

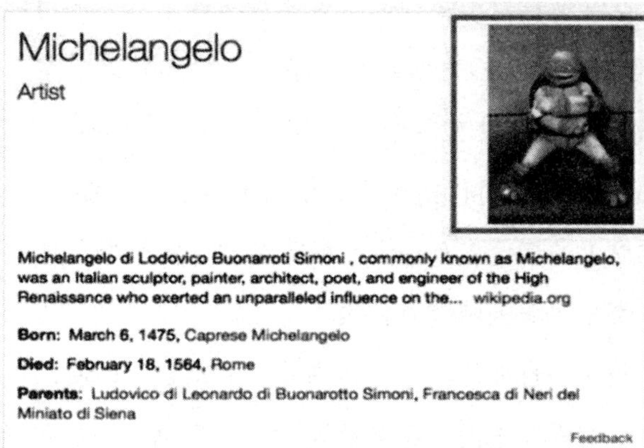

图5－2　名字会造成许多歧义性问题，正如在这个例子中系统试图通过学习来给物体贴标签时所犯的有趣错误

（来自于彼得·米卡的演讲，授权使用）

图中英文翻译为：

米开朗基罗　艺术家

米开朗基罗·迪·洛多唯科·博纳罗蒂·西莫尼，通常被称为米开朗基罗，是文艺复兴时期的一位意大利雕刻家、画家、诗人和工程师……

出生：1475年3月6日，佛罗伦萨柏里斯镇

逝世：1564年2月18日，罗马

父母：洛多唯科·迪·罗纳尔多·迪·博纳罗蒂·西莫尼；弗朗西斯卡·迪·内里·戴尔·圣米尼多·迪·西耶纳

⊖ http://www.slideshare.net/pmika/semantic-search-at-yahoo, April, 2014.

歧义导致计算机出现问题的另外一个著名例子发生在2011年的电视节目“危险边缘”上，IBM的沃森计算机与其人类对手进行竞赛的过程中。某一天的最后一个问题，问题类别为“美国城市”，其线索是：

它最大的机场是以第二次世界大战中的一位英雄命名的，它第二大的机场是以第二次世界大战中的一个战场命名的。

沃森错误地猜成了“多伦多”（加拿大的一个城市）。这是一个人类不会犯的错误，事实上，两位人类选手都猜到了“芝加哥”这个正确答案。沃森团队的领队在解释这个错误时，说沃森猜错了答案的可能原因在于命名歧义[㊀]。他解释道，沃森之所以会混淆答案，部分原因在于美国有用多伦多命名的城市（尽管没有一个有机场），而且“America”通常代指美国，但是“America”也可代指包含其他国家在内（包括加拿大）的美洲大陆，同时加拿大的多伦多有一支棒球队在“美国联盟”中打球，而该联盟的其他团队都是以美国城市命名的。

简言之，歧义一直都是计算机面临的一大难题，即便它很容易被人类理解，但从目前的程度来说，在本章展示的许多例子能被解释之前，它们看起来会很滑稽。问题的答案似乎在某种程度上可以归因于人类对词语及其所代表的含义有更多的知识，而仅非目前我们所熟知的词汇、句法和被描述的相关知识。

理解我们所生活的世界

若要理解语言并掌握处理上述例子的能力，很明显，理解我们所生活的世界对此会有帮助。我们怎么知道“time flies”不是一个我们还未发现

㊀ http://asmarterplanet.com/blog/2011/02/watson-on-jeopardy-day-two-the-confusion-over-an-airport-clue.html 展现了David Ferucci的解释，他那时候是沃森项目的首席研究员。

的新物种？我们怎么知道浪费油是一种不好的行为？当我们认为搭便车的人是试图逃跑的犯人时，为什么我们会不想让他们上车？为什么我们不会犯沃森所犯的那种错误，将多伦多归到答案范围中？答案似乎很明显，我们对于周围世界的了解，使得这些例子对我们而言是有意义的。

人类认知能力的一个关键要素在于，当需要时，我们能够合理地利用我们关于这个世界的知识。这可能像是每天早晨记得如何去发动汽车这样平常的事情，或者是类似在某个早晨当汽车不能发动时，我们会如何解决这种复杂情况。在后一种情况下，我们很自然地考虑有哪些备选方案：是将汽车留在原地稍后再修，先找到另一种交通工具去上班？还是改变方案，先把汽车弄到维修店？我们也会围绕这一事件对其他人的影响展开思考：汽车问题会导致我不能送孩子上学，还是导致我不能参加工作会议？如果这样的话，我需要通知谁？有没有人能够帮助我，如果他们帮了我，会不会对他们造成什么影响？长期来看又将会是什么情况：如果汽车需要在维修店放几天，那么我本周的哪些计划有可能需要改变？

正如这种气人的情形一样，在规划要做什么时产生的脑力劳动通常也是非常直接的。很自然的，你将会记得那天你有一个重要会议；你将会记起你的邻居有一辆额外的车，他们偶尔会借给朋友；你知道你有一个熟悉的技工，或者你没有，但这种情况下你也知道去哪里寻求推荐。作为一个人类，你的认知能力是自然磨炼出来的，使得你能够以这种相对直接的方式做出决定，而对类似于规划要做什么的问题，对我们而言往往都不算太大的困难。

事实上，人们非常擅长此类事情，他们不仅能够知道在这种情形下要做什么，而且可以通过阅读上面连续的两段内容来理解他们。当你这样做的时候，你可能会忆起过去发生在你身上的一种类似的情况。你将会考虑这种情况对处理问题的那个人有什么影响，明白交通问题会如何影响一个人在一天中所可能做的许多事情。你实际上已经把自己置于处理上述问题的那个人的处境之中了，这样你不仅能够识别问题的具体情况（那个人需要解决车子的问题），并且能够感受到处于该情形下的人是多么沮丧。简而言之，你以某种方式想象你自己正处于这种情景中，知道所要承担的问题，并开始寻找一些解决方案，例如考虑公共交通或者寻找能够帮忙的伙伴等。

这些能力，包括处理已规划好的活动中出现的问题（在这个例子中，是开车去往目的地），以及能够把你自己置于别人的处境中并弄清楚当别人面对这种情形时会怎么做的能力，都是所谓的常识推理的特征，这是一种理解我们如何与日常生活中的事物进行互动的能力。

编码世界知识

在 AI 的早期，很多关于 AI 能做什么的预测并没有实现。例如，AI 系统在类似西洋棋的游戏中获得成功后，便出现了许多关于 AI 系统不久后就能战胜世界顶级棋手的设想。然而，就像我们在第三章中看到的，多年以后该预言才得以实现；人们只是没有意识到一个游戏会比另外一个艰难那么多。

在语言及其理解领域，也发生过类似的事情。计算机早期的一个极其重要的用处是破解密码。在第二次世界大战期间，结合了模拟和数字技术的一系列系统被设计了出来，用于破解那些人类认为无法破解的密码。破解德国和日本的密码，显然对于美国和英国的胜利至关重要。战后，密码的研究继续进行，而且一些早期的全数字化计算机被研发出来，专门用于执行这项任务。

密码破解的一个关键部分在于查找目标语言的特征，并且将它们作为破解密码的线索。因此，如果一个人在试图破解英文密码，那么知道字母 E 和 T 比 J 和 Z 出现得更加频繁就会很有用（注意，在其他语言中，字母的出现频率会有很大不同，但仍然非常重要）。使用计算机简单地统计各种类型字母组合的出现频率只是第一步（真实的密码破解系统要复杂得多，因为密码本身就被设计为试图隐去这些特征）。基于这些早期的成功，一些研究者推断，如果我们能够将密码转换成语言，然后从一种语言转换成另一种语言可能就不会太难。

然而，没过多久，之前讨论的各种问题就出现了。语言的歧义性远比预期设想复杂得多，并且语言翻译过程也被认为比预期的更加艰难。随着该领域研究的深入，除了歧义之外的一系列其他的问题也变得愈加清晰了。人们发现，语言翻译的研究取决于一些其他困难，包括语言使用的不同文化背景，不同语言中俚语和习语的不同用法，以及在语言哲学方面的一些更深层次的问题。例如，那些居住在一种将彩虹看作有七种颜色的文化中的人们——大多数的英语国家都是如此，实际上与那些在语言中描述彩虹有八种颜色的人们——往往是讲俄语或者其他西里尔语言的人们，感知到的是同样的颜色吗？很明显，翻译语言时需要一种更深层的“理解”，反过来，这又需要对于事物在世界中的运转有更深的理解。

为了解决这个问题，那些在人工智能领域致力于语言研究的学者们开始探索能否将问答作为范式，制造出能够理解语言的计算机。即一台计算机能否先读一个故事，然后回答与它读过的内容有关的问题？如果这些问题包括需要从故事中“推断”得出的信息，并且计算机能够正确地做出回答，这样看起来就可以说明计算机在理解世界方面取得了进步了。

当致力于语言翻译和问答系统的人们继续探索语言问题时，他们认识到，即便是非常简单的句子也需要大量潜在的信息才能进行正确的理解，若要理解故事，那就更难了。例如，如果考虑设计一个来自 20 世纪 70 年代中期的人工智能研究项目，项目叫作 SAM，即脚本填充器，由罗杰·尚克（Roger Schank）和理查德·卡琳福德（Richard Cullingford）主导，它要处理这样一件事情：

约翰饿了。他去了一家餐馆。他点了龙虾。他吃了然后离开了。

这个系统随后将被问到一个诸如“约翰吃了什么？”的问题。

尽管对于大多数的人而言，很明显正确的答案应该是“约翰吃了龙虾”，但请注意，重要的是，故事并没有明确地说明这点。相反，你需要去引入“世界知识”，也就是关于人、文化、我们所生活的世界等方面的知识。回答问题之前，你需要知道餐馆是什么（一个人吃饭的地方），餐馆是如何运营的（通常就是你能点菜，并享受你点的食物）。一个更复杂的问题是，例如“为什么约翰最后吃了其他东西?”能够帮助将问题变得更加清晰；我们不仅需要知道已经发生了什么，而且需要知道这种情景下可能会出现哪些差错（例如餐厅服务如此之差使得约翰生气并且离开餐馆；也许餐馆的龙虾没有了，约翰不得不点了其他东西；也许龙虾准备得不好，所以约翰将其退回了等）。

试图解决如何让一台计算机能够利用世界知识来应对问题，首先需要找到一种将信息传入计算机的方式。它有两种明确的选择：一是我们以某种方式让计算机进行学习，这一点我们将会在这一章中的后续部分着重讨论；或者，我们可以找到一种方式来编码知识并且通过程序输入到计算机中。后一种方式就是大家所熟知的“知识表示”，它一直是贯穿整个人工智能研究历史的一个十分关键的部分。

关于如何能让计算机理解世界，这类思考的早期尝试多关注于使用某些逻辑的方式来编码信息。其本质在于，给定计算机某种类型的一套规则，让它们能够运用这些规则进行情景推理。然而，很快人们就明白了，制定这些规则并不简单，因为真实世界有很多特殊情况。即便一条非常简单的规则，如“你在一家餐馆能够得到你所点的服务”一般是正确的，但也并不总是如此。

这些年来，人们已经探索了许多不同类型的逻辑，如果详细地讨论它们将会远超出本书的范围，但关键的一点在于，若要让计算机和人类互动，它们必须具备有关人类所生活的世界的知识，而编码这些知识对于 AI 的研究者们来说始终是一个巨大的挑战，这就意味着机器在它们所能做的推理上依然受到严重限制。

专家系统悖论

本章和前一章的主题是刻画人和机器在认知方面的一些关键不同点。在 AI 领域，一个反复得到的教训就是，通常我们认为对人很容易的事情，对计算机而言也会很容易，但实际上对计算机而言却非常艰难。相反地，AI 领域往往证明了，一些对人来说很难的事情，对 AI 系统来说，却并不太难。在 20 世纪 70 年代末和 80 年代初，这一现象通常被称为专家系统悖论。

之所以会叫这个名字，是因为当许多 AI 研究者致力于探索约翰和龙虾这类“容易”的事情时，有些研究者开始关注那些对人类来说更加难以进行编码知识的领域了。例如：早在 20 世纪 60 年代中期，斯坦福大学开发了一个项目，叫作“Dendral”㊀，旨在帮助有机化学家从大量光谱图中辨别分子，这是一个对人类来说很困难的任务，但结果表明这个问题对一个 AI 系统来说却是可以接受的。在整个 20 世纪 70 年代，所谓的“专家系统”开始兴起，并且成功地被用在了医疗诊断、复杂机械系统的配置以及电子设备的维修等领域。

AI 科学家们意识到，以某些方式从专家那里获取的知识，有可能被转化为计算机能够遵循的规则。事实上，这些专家系统之所以被称为是“基于规则的”，正是因为这种信息编码的方式。最早大约在 20 世纪 80 年代中期，人们明白了，只要系统应用的领域，即系统的推理范围相对较窄，例如配置特定类型的计算机系统或者诊断特定类型的疾病，AI 系统就可以利用这些规则做许许多多的事情，但是并不能对大规模系统，如整个医疗领域等进行推理。

㊀　维基百科上关于“Dendral”有一篇很好的文章，并且有一系列从它衍生出来的系统，参见 https://en.wikipedia.org/wiki/Dendral。

配置一个电话系统对于人而言是一项艰难的任务，AI 系统却可以做得更好。但是对“容易的”日常事物进行推理，例如理解约翰和龙虾所需的餐馆知识，仍然很困难。简言之，AI 系统能够去做听起来复杂的任务，但是推理我们生活的常识世界却超出了它们的能力。

总的来说，此即专家系统悖论。

知识和记忆

人类毫不费力、无须思考即可完成的一件事情就是在处理新问题时会自然地联想到对当前情景可能有帮助的过往相关生活和经历。在上面汽车不能发动的例子中，人们所运用的一种知识就是发生在过去的相似经历的记忆。这段记忆也可能并不是发生在他们身上，却是他们所看到、读过或者所说过的发生在别人身上的事情。

这种不仅能够对过去发生的具体事物进行推理，而且能够将其推广到其他场景或“记住”发生在其他人身上的事情的能力，就是 AI 研究者长期以来试图构建到计算机内部的东西。与专家系统中基于规则的推理相反，AI 研究中的另外一个传统是基于记忆的推理：通过找到先前发生的、一个类似问题的解决方案，然后利用规则或者其他技巧弄清楚怎样区分新旧情景的不同，然后映射出答案，通过该方式来解决问题。有时候，这可以通过融合多个旧的解决方案来实现；其他情况下，将需要通过修正小的不同点来解决问题，而不是从头开始解决问题。

让我们再次考虑一下早晨出发时发现汽车无法起动的问题。在一个基于规则的系统中，一个人可能会做出一些类似于“我的目标是去上班，但是我不能开着我的车子去上班，因此我要找到另一种方式去上班”的推断，然后通过运用与交通相关的其他规则来解决问题。在一个基于记忆的系统中，其推理方式更类似于“上次我的车子不能起动，我呼叫了美国汽车联合协会（American Automobile Association，AAA），他们派人来并且发动了汽车，因此这次我也将呼叫美国汽车联合协会”。

当然，情况也许并不会如此简单。例如，假设我们在美国汽车联合协会的会员资格失效了。那么，现在“呼叫美国汽车联合协会”就不起作用了。然而，如果一个人记住了呼叫美国汽车联合协会是让一些人过来发动你的汽车，一条基于记忆的推理规则也许会告诉你“如果一件事情在过去的场景中起作用是因为它引起了其他一些事情的发生，于是我们可以用另一种方式替代，使得相同的事情发生”。于是，举例来说，我们可能推断当地的服务站可以发动汽车，因此我们可以呼叫他们作为替代。

上述两段内容的差异是很微妙的。在最好的情况下，基于记忆的系统的优势在于修正相似事件的差异比起解决新问题更加简单。例如，决定选择一种不同的方式去上班，从本质上说，需要从头解决问题：还有哪些其他的交通方式？我们怎么使用它们？……对于一个基于规则的系统，这可能很难，因为被处理的场景越广泛，所需要的常识知识也就越多。对于基于记忆的系统，“修正”（例如，只是打电话给一个不同的地方）也许更加容易，并且它不需要这样的通用知识。

当举一个像发动汽车这样的简单例子时，基于记忆的推理的优势也许并不明显，因而我们举一个现实生活中的例子。这本书的两个作者在 20 世纪 90 年代开始合作开发一套基于记忆的推理系统用于军事后勤规划[㊀]。我们发现，该过程大量的细节和想法都与赈灾所需的后勤支持（通常需要快速的响应）情形有关。例如，如果世界上的某个地方发生地震，人们可能因此而受伤，一些基础设施也可能遭到破坏。一套基于规则的系统或许会知道如果人们受伤，他们将需要医疗帮助；如果建筑物和道路被毁，将需要货车和重型装备对道路进行重建并清除碎石。一个更难的问题是，判断

㊀ Mulvehill, A., Rager, D., and Hendler, J., “ForMAT and Parka: A technology integration experiment and beyond”, Proc. Intl Conference on Case-Based Reasoning, Providence, RI, 1997.

到底需要多少医疗供给以及需要配备哪种设备。再一次，规则和公式可被用来估测这些需求。

但这只是后勤支持的冰山一角。救灾也需要医疗人员，而且他们需要一些场地来医治病人，一些场地用来居住，而且他们自己也需要食物和水，他们的支援团队也需要这些。因此，当你计划去运送医疗物资和人员时，你也需要计划运送一些工程师，他们可以建造或者修补已有设施，以便提供医疗救助，并且你需要开始考虑如果医疗团队和支援团队将在灾难区域生活和工作的话，他们会需要哪些补给。

尽管每个相应情况都可以使用特定的规则或者一些现有的规划模板计算出来，但是我们从采访过的人类规划师那儿获知，从头开始构建一个方案需要很长的时间。因此，他们使用集体记忆来判定，当前的情形是否与他们或他们认识的其他人最近曾参与过的灾难救援情形类似。

我们的研究提供了一种机制专门用于存储历史规划或者系统开发的后勤支持方案模板。我们提供了帮助策划者找到一种或者更多类似方案的搜索工具，并且我们提供了一套比较工具，让他们判定这些方案的相似和不同程度。一旦他们找到一个相似的方案，我们就提供工具来提醒他们在哪里以及如何能够修改这一历史方案，以便更好地服务于当前的情形。例如，假设一个策划者在知识库中找到一个陈旧的后勤支持方案，该方案是用于支援冬季发生在阿拉斯加一个大城市里的地震灾难救济工作。现在的假设是，目前面临的情况也是一个大城市里发生的地震，但地点是在南美洲，并且季节是夏天。这个用于支援阿拉斯加地震的旧方案是在寒冷环境下对灾难救援人员提供合适的物资供应，而新的方案需要提供适应高温、湿热环境的衣服及物资供应。我们已被告知军队中多次发生过部署在高温、湿热地区的部队却被提供了适用于低温环境中的衣服的情况，因为对衣服的要求很难在后勤支持方案中找到。大部分的后勤要求都用编码来指定，而对于要求的内容，要么没有，要么只有简单的几句描述。

人类规划师通过经验得知：受灾地区的温度对于构建一个灾后救援后勤方案来说是需要考虑在内的一个非常重要的因素。人类利用他们的社会知识和经验来进行推理并记忆。如果人类与基于记忆的系统分享这一经历，系统就可以用它来推测该如何解决问题。例如，一旦我们从人类专家那儿学习到地点和时节的重要性，我们就能够更新我们的算法从而提示人类对某些条目（例如将药品供应和衣物作为灾难发生时间和地点的函数）进行检查核对。注意，必须由人类来更新算法，因为是人类规划师，而不是计算机，识别出了这个模式。

理解它们所感知到的世界

计算机面临的另外一个主要挑战是如何感知世界。可以这么说，人类生来就有一套感知系统，而 AI 却必须利用系统中集成的传感器，例如麦克风、相机和加速计来感知世界。过去的这些年里，人们在改善传感器（特别是那些基于视频输入的传感器）方面已经取得了巨大的进步，但仍然存在某些缺陷。这个问题与处理语言时面临的一个问题相似：即便计算机能够学会识别事物，它仍然需要具有对这些事物以及它所面对的情景进行推理的能力。

考虑图 5 - 3 所示的图片。这个输入到计算机的视频，随后被转化为 0 和 1 组成的编码，然后计算机通过被称为“深度学习”的训练过程在这个视频图像上进行训练，关于“深度学习”，我们将会在第七章进行更详细的解释。使用这项技术，计算机能学会识别图片中的区域，并且将它们与现实世界中的物体联系起来。一般来说，人们完成这类事情的方式（识别出细微的差别、被遮挡的物体等）依然远超机器的能力，但至少机器现在能够识别出图像和视频中的许多常见物体了。

图5-3 一张展示计算机通过“深度学习”训练实现给各种物体贴标签的图片（英伟达博客，2016年，授权使用）

然而，识别出各种不同物体后，下一个问题是计算机能否以任何有意义的方式对情景进行推理。正如对那些从事无人驾驶技术研究的人来说，了解其中哪个物体最重要以及物体的移动方式是非常关键的，而且这个问题正在获得广泛的关注。类似的，如果我们看一下第二章讨论的一些医学图像识别任务，计算机在识别特定种类的癌症，查找肿瘤的边界等方面，可能会比人类做得更好。但进一步看，这似乎还不够。仅能够识别物体还不够；理解它们之间相互影响的方式才能使得计算机在没有人类干涉的情况下，做出在这个世界中正常运转所需要的一类必要推理。

下面是来自作者之一亨德勒的一则轶事，也许会更好地解释这一点：

当我女儿很小的时候，她学会的第一个单词是“猫”，这一点儿也不奇怪，正如大多数家里有宠物的孩子，能学会将单词与他们的动物朋友联系起来。不久之后，我带给她一个用手拉着玩儿的玩具。很快地，她又学会了玩具的名字——“鸭子”。令我们惊讶的是，学会这两个单词即意味着，她能将自己世界中的事物分成猫和鸭子两类了。一些人，她会辨识成猫，另一些人，她会辨识成鸭子，并且有时也会将常见的物体分成这两类。

她对事物的某些分类看起来很直观，例如，看见飞机飞过我们的上空，她大笑着说道："鸭子"。很显然，她认为飞着的东西应该是鸭子（注意，尽管这些在我们看来很明显，但是对她来说仍然显得有些神秘；毕竟，她是根据一个在地板上摆动的拖拉玩具学习识别鸭子的，而不是从某些能飞的东西中）。

当然，随着时间流逝，她很快学会了新的单词，并且她的世界从鸭子和猫扩展到了几千种不同的物体和概念。在写这本书的时候，她已是一名研究生，而且就像正在读这本书的你们，已具备充足的知识来理解这个世界的复杂性。

然而就在最近，当然只是为了好玩，我让她告诉我一只猫和一只鸭子的不同点。当她意识到我不是在戏弄她的时候，她说道："猫是哺乳动物，鸭子是鸟类。"这种学习分类的能力，人类表现得很好，但对于机器来说仍然是一个挑战。然而，学习这些分类是当下研究中的一个热门领域，并且机器一直在取得进步。

但是，我问女儿的下一个问题，则更有意义。我问她："如果必须向一个孩子解释猫和鸭子的不同，你会怎么说？"她回复道："如果我要向一个孩子解释，我可能会说'猫身上有毛，长了四条腿，并且会发出喵的叫声；鸭子是一只鸟，它会游泳，并会发出嘎嘎的叫声'。"

虽然在 AI 和心理学领域都有许多关于语言获得机制（language acquisition）的热门研究，但这种不仅能够区分猫和鸭子（狗在区分这些方面甚至比人做得更好），还能学习如何对世界分类并形成对事物的功能性描述的能力，仍然超出了计算机的能力范围。

很明显，人类并不是只学习我们看到的事物。显然，当我们学习周围的世界时，所有的感官都在起作用。在每种感官模型中，我们同样以类似上述猫和鸭子的现象来理解事物。考虑如下情形：如果一个孩子在幼年时期的某一天，将他的右手放在了散热器上并烫伤了，即使伤害很轻，他通常也不会再去这么做了。但更重要的是，他不仅不会再去将左手放在散热器上，而事实上，他们将避免身体的任何部位去接触他们能感觉到烫的东西。而且，动物也天生就具有这种能力，并且能以与人类相似的方式进行学习，但计算机却不会。更进一步，考虑视觉上的情况，人类能够学会解释这些区别，甚至能通过语言教会其他人（告诉他们自己的孩子，“不要触碰那个东西，它很烫！”）。

值得注意的是，尽管我们通过列举一些语言上的例子来表述人类学习的方式，但它远不止如此。人类能够利用这种信息并以他们的方式与外部世界交流（例如，虽然知道向大多数猫喂面包并不是一件好事儿，但仍然决定随身带一些面包去喂鸭子）；理解并且识别其他人在做什么（躲闪以避免接触散热片）以及为什么这么做（避免烫伤）；并且用“类比”的方式将知识运用到其他问题上，例如如何理解“大龙不死”这种能帮助你学习下围棋的习语（正如在第三章讨论的）。

简言之，学会感觉并感知世界是计算机正在做的越来越好的一件事情，但要像人类一样，具备将其感知到的内容与被感知到的世界进行交互的能力，仍然是人工智能领域在短期内还不能实现的一个功能。

语境问题

从人工智能研究的早期开始，人们就设计了很多方法，试图为帮助计算机理解目前所讨论的语言和感知问题，并提出更好的解决方法。这些尝试可大致归为三类：

Ⅰ. 编写“流程”，使得 AI 能够使用“流程”来处理当满足某些条件时可在系统内运行的程序的场景。

Ⅱ. 定义“说明性”知识来表述与这个世界相关的信息，以及在某些情况下计算机应该做什么。

Ⅲ. 创造学习教程，以某种方式训练计算机使其能够获得采取适当行为所需的知识。

在上述三种情况中，都是使用一个计算机程序（算法）来让机器对应该采取的行动（或者应该说的话等）做出选择，但这三个程序是有本质区别的。

过程式系统

考虑在第三章讨论的下象棋程序。我们所描述的下象棋程序是一个使用博弈树来搜索下一步走法的算法。这个系统通过一个为评估象棋局势而量身定制的程序来评估棋盘上位置的优劣，并使用博弈树搜索算法来决定最佳走法，然后执行。

如果我们想知道为什么计算机采取了某一步走法，那么没有比沿着这步往博弈树下面走几个层级能够最大化棋盘的期望局值更好的解释了。要改变程序的行为，可以改变局值评估器的值，改变某些搜索参数，或者提出一个更好的算法。系统将依据这些改变发挥得更好或者更糟，但是我们却很难根据它的下法来解释它对象棋游戏的理解。当棋手被要求解释某一步的走法时，他可能描述为“为了避免陷阱”；而计算机并不能做除了机械地计算正确的走法之外的事情。

声明式系统

然而，对于许多 AI 任务，已有人提出了这种“过程式的”方法能否奏效的问题。一种替代方式是写出能够运行某些规则的算法，然后使用这些规则来生成解决方案。这种情况下，程序变得“简单”了，只是一个规则—应用装置，而且系统知识被编码成一种明确的“声明式”方式，这就使得人类程序员可以明确系统要解决的问题都需要哪些知识，而无须担心为了解决不同领域的问题而重写程序。

AI 早期提出的一种声明式系统是利用某种逻辑引擎作为基础程序，然后以基于某种逻辑语言的声明向计算机表达这些规则。例如，在传统的逻辑中，有一种常见的规则形式，因其拉丁名“演绎推理”而广为人知，说的是：如果由 A 能推导出 B 并且 A 正确，那么 B 也正确。例如，如果我说“如果玛丽是约翰的妈妈，那么约翰是玛丽的儿子”，然后当我说“玛丽是约翰的妈妈”时，你就应该清楚地知道“约翰是玛丽的儿子”。在这种情况下，我们就可以说“演绎推理”是一种推理规则，因为使用它，我们就能表述一个事实并且引出另外一个事实。

一个逻辑系统是一系列这样的推理规则（称为公理）和一系列可应用它们进行说明的事实。使用定理证明器，一台计算机就能通过判断是否有一系列合理的推理使得一些陈述能与另外一些陈述关联起来以解决问题，这是逻辑证明的传统观点。于是，通过编写一个知道如何组合公理的定理证明器，并给定一系列事实准则，系统就可以得出一个新事实的证明（这类系统的早期形式是基于一套简单的“三段论”，在该体系中，人们可以表述类似这样的事实，“若凡人终有一死”和“苏格拉底是人”，那么“苏格拉底终有一死”）。

不需要一个逻辑教程，以上内容足以说明，在 AI 的早期，有这样一个设想：创造一个使用简单逻辑的规则系统，然后以系统能够处理的方式编码现实世界相关的所有信息，来让计算机理解世界。然而，人们很快就意识到，计算机理解世界所需要的逻辑并不是那么简单直接。

例如，我们知道鸭子是鸟类。我们也知道鸟会飞。所以很显然，如果我们知道某个东西是鸭子，我们就可以推断它会飞。然而，我们也知道企鹅是鸟类，但是企鹅不会飞。因此，一个类似于“所有的鸟都会飞”的简单规则，看起来很直接，实则不尽然。这个规则开始改变为像是“所有鸟，除了企鹅、鸵鸟、几维鸟……之外，都能飞”。即我们开始编码一系列的例外情形。但是，有大量的其他因素能导致一只鸟无法飞：一只翅膀受伤，或陷在从油箱溢出的油里了，以及大量的其他可能。

有许多方式可用于创造更强大的可处理此类场景的逻辑（技术上称为

非单调逻辑)：带有例外规则的逻辑（所有的鸟会飞，除非你知道它们不能飞的一个理由)、考虑概率的逻辑（大多数鸟会飞)、使用特殊运算符处理特定情况的逻辑。后者包括所谓的模式逻辑，其中包括“某事必须为真”“某事可能为真”等的条项。现在，对于足够强大的、以计算机能够使用的方式来编码复杂场景的逻辑的开发，仍然是人工智能研究的活跃领域。

有一种规则系统在20世纪80年代开始变得流行，而且今天仍在被使用，它被称为生成式规则系统。在这些系统中，并非使用逻辑的形式化规则，而是系统通过以某种顺序逐步运用规则来进行推理，并且允许使用规则应用的结果来引发对其他规则的应用。生成式规则系统通常被称为“黑板系统”，因为它们通过类似在黑板上写和擦除信息的计算机制来工作。

这种系统的一个常见用途是做医疗诊断，创建医生们在当下所使用的各种信息系统（如第二章所讨论的内容)，让我们来看一个简单的例子。

假设在一个诊断系统中我们有如下的规则：

如果病人有咳嗽的症状，则在诊断书上写下：既可能是流感，也可能是感冒。

如果可能是流感，但病人却没有发烧的症状，则排除可能是流感。

如果可能是流感，就写下抗病毒处方。

如果可能是感冒，就写下解充血处方。

通过在黑板上写下相应症状，我们开始运行系统。例如，我们假设约翰来看病时有咳嗽的症状。这种症状将被写在黑板上，因此黑板上的内容仅包含：

[咳嗽]

系统现在将寻找一条可以使用的规则，它会发现第一条规则是适用的。这将使黑板上的内容现在包含：

[咳嗽，既可能是流感，也可能是感冒]

系统现在会鉴于这一新状态寻找另一条规则。第一条规则仍然适用，但由于我们已经使用了它，我们会倾向于寻找另外一条，随后我们会发现第二条规则是适用的，因为发烧不是列出的症状之一。因此，黑板现在将包含这样的内容：

[咳嗽，可能是感冒]

再一次，系统将会寻找一条适用规则，并且会再次找到第一条规则，该规则已经使用过，那现在是第四条规则了，此时黑板上的内容是：

[咳嗽，可能是感冒，给患者开解充血处方]

现在，系统可能会发现不存在其他没被使用过的规则了，因此将会结束它的推理。黑板上现在的内容将包括症状、可能的诊断和推荐的处方。这位咳嗽的病人将会被诊断为感冒，并且为其开具相应的处方。

另一位病人进来了，他有咳嗽以及发烧的症状。诊断过程以相同的方式开始，第一条规则用于创建黑板状态，显示：

[咳嗽，发烧，既可能是流感，也可能是感冒]

然而，在这种状况下，当系统寻找下一条规则时，会发现第二条规则并不适用，因此它必须使用第三条（因为流感仍然是有可能的）或第四条（因为感冒仍然是有可能的）。其中一条规则将被选中，然后下一步选择另外一条，因此最终的黑板将会是所有规则进行组合的产物，显示如下：

[咳嗽，发烧，既可能是流感，也可能是感冒，给患者开抗病毒处方以及解充血处方]

如果这是系统中的所有规则，那么系统则会同时给病人开具抗病毒和解充血的处方，以治疗这两种可能的诊断：感冒或流感。

当然，这是一个超级简化的例子。在一个更加复杂的情况下，系统可能包括数以百计的规则，并且可能存在与规则相对应的概率（例如，给定咳嗽症状，我们会说它有 80% 的可能性是感冒，20% 的可能性是流感），当多种诊断结果都有可能时，我们可能有一些用来判断如何选择的方法（例如，我们可能会说，如果第三条规则是适用的，那就不能再用第四条规则，因此诊断结果是只开具抗病毒处方），而且这样一种系统存在很多其他的用法。生成式规则系统巨大的灵活性赋予了它们这种能力，但也使它们难以在实践中维持并发展。

学习式系统

在感知那一小节，我们将学习式系统当作一台计算机用来感知世界的一个重要部分，对其进行了讨论。类似的，推理系统也可以利用学习的优势。考虑上一节提到的专家系统的例子，显然，知道你患有感冒或者流感的概率孰大孰小，将会帮助系统做出更好的决策。

人们已经设计出了一些强大的系统，能够将概率用于推理。一项具体的技术就是贝叶斯推理网络，它已被深入应用于科学与工程应用，以及医药推理和许多其他领域。尽管该技术非常强大，但一直存在一个与专家系统类似的问题：正如在专家系统中需要人为创建规则，在贝叶斯网络中需要人为创建概率。

解决这一问题的一个方法是让机器学习概率。例如，给定病人的人口，我们将会统计出多少病人患有感冒以及多少病人患有流感，然后假设统计数能够表示实际的概率。类似的，给定更大的集合，我们能够计算出这些不同的疾病在整体上的分布情况。原则上，我们能随后计算出他们中的哪些人有何种症状，并且最终我们将建立一个疾病及其伴随症状的对应模型。大体上，这就是许多机器学习系统背后的思想。

这可能听起来很直观，但实践中并不会如此简单。首先，如果只是感冒和流感（发烧或者不发烧）两种病症，我们将不需要这么多病人来弄明白发生了什么。但是当想到可能会有许多其他的疾病以及其他的症状时，我们意识到必须要考虑大量组合的情况了。如果我们需要在 5 种疾病和 10 种症状之间做出选择，我们将需要考虑全部 50 种组合情况。对于在现实世界中存在的几百种疾病和几百种症状，我们将会看到成千上万种组合。每种组合都需要有一定意义的数量的样本去核查；如果在某些组合的分类中只有一到两个病人，就很难分清楚哪些组合是真实的，哪些是随机的。简言之，要做好这件事情，我们会需要几百万人的信息。

更糟糕的是，许多人并不是只患有一种疾病。举个例子，当我们在第二章讨论医疗系统时，我们提到了一个有贫血和皮肤感染症状的病人。这种并发症，正如它的名字，必须被考虑在内，这意味着我们需要考虑所有患两种疾病、三种疾病的人。这种组合增长得非常快。为了做出正确的决断，最起码需要数百万患者的数据，以及一个可以计算所有概率并用它们做出诊断的程序。

这些年来，虽然设计出了许多种有大量用途的机器学习程序，最常见的类型本质上就是用于处理这类问题。其中包含大量的变量，但基本上算法要做的就是找到数据中的哪些事物与另外一些事物是相关的，并且为其分配概率值以设法预测观测到的相关关系。

举个例子，机器学习算法通常使用所谓的购物车问题来进行测试，这是以算法早期的用途来命名的。在许多商店中，包括网店和实体店，当人们购买东西时，他们的购物记录会被记录下来，然后用于分析并寻找他们经常同时购买的物品。商店就能够使用这些信息来摆放货架上展示的物品（把人们经常买的东西放在一起从而增加销量）或者在网店系统中生成推荐（著名的“买了这件东西的人也买了……”之类的推荐）。这些推荐可以被设置为个性化的，这样就能知道某些购买了特定物品的用户可能会更容易购买某些其他的物品，从而促使了个性化广告等大型在线业务的诞生。

要弄明白它是怎么工作的，可以考虑如下示例：假设人们在只卖少数东西的小店里以线上方式购买了几件物品。表5-1是购物清单。

表 5-1 例表一

购物者	商品 1	商品 2	商品 3
P1	薯片	水果	苏打水
P2	水果	牛排	蔬菜
P3	薯片	牛排	蔬菜
P4	苏打水	牛排	蔬菜
P5	薯片	苏打水	牛排
P6	薯片	水果	牛排

现在让我们从一个不同的角度来看一下这些数据。我们生成一个矩阵用来表示客户在购买一件物品的同时还购买了其他物品的情况（表 5-2）。在这种情况下，我们将会看到：

表 5-2 例表二

也买了	薯片	水果	苏打水	牛排	蔬菜
薯片	6	2	3	2	1
水果		6	1	2	1
苏打水			6	2	1
牛排				6	2
蔬菜					6

注：由于矩阵对称，我们仅展示了它的上半部分，很明显，无论谁买了牛排和苏打水，也就买了苏打水和牛排。

通过这个矩阵我们看出，最常见的商品搭配出现 3 次，即薯片配苏打水；之后是几种同时购买过 2 次的商品（薯片和水果、薯片和牛排、水果和牛排、牛排和蔬菜）和其他只同时购买过 1 次的商品。我们现在通过将共同购买次数除以总人数（6 个人）来得到相应概率。因此 50% 买了薯片的人也会购买苏打水，33% 买了薯片的人也会购买蔬菜等。

这些信息现在可被用于制定决策了。我们可能希望将薯片放在苏打水旁边，但或许我们并不需要把薯片和苏打水放在蔬菜的旁边。同样的，我们想要确保，如果我们对薯片有促销活动，那么当看到正在购买苏打水的人，我们就能向其推销薯片了，因为这个人很有可能购买薯片。这种学习通常被称为数据挖掘，因为它试图发现隐藏在数据中的“金砖”。

一旦概率计算出来了，使用这种或者与之类似的方法要解决的问题就变成了如何将这些概率组合进入一个可以对其进行推理的系统中。实现这点的方式有很多，其中涉及的数学内容可能会很可怕，但基本想法是简单的。如果我们能够比较事件发生的独立概率（流感但不是感冒）并将其与其他事件共同发生的联合概率（感冒和流感）进行对比，然后系统就可以通过组合各种概率来判定数据中存在的最有意义的相关关系。也有一些能将这些概率的组合构建成一种网络的方法，该网络可以对多个事件以及它们之间如何相互影响进行推理。有很多方法可以做到这点，感兴趣的读者可阅读贝叶斯概率[㊀]相关内容，这是最流行的一种方法。

这个例子看起来很简单，但现实世界中的情况却比这复杂得多，因为变量实在太多。我们可能有很多的品牌，可能每个人购买的东西的数量并不一样，在扫描商品时可能会出现扫描不准确的情况等。正确识别之后，所有的变量都可以用数学的方式进行考虑了，也正因此，这些系统能够被用在许多应用程序中。例如，如果数据不是关于各类食物而是关于不同类型的疾病、症状，以及疾病是怎样同时发生的等内容，我们就能够在医疗应用程序中使用这类数据。我们也可以将购物车里的东西与发生在更大环境中的事物联系起来。例如这样一个著名的案例，2000 年年中的时候，沃

㊀ 维基百科的文章是一个好的入门：https://en.wikipedia.org/wiki/Bayesian_probability。

尔玛宣称他们的数据挖掘算法表明，在飓风来临之前，草莓果酱馅饼的销售额增长了大约7倍（将购买的条项与天气关联起来）。

在上述方法的基础上，研究者们还提出了许多数据挖掘和机器学习的变体。例如，考虑如果购物单上显示经常有人购买薯片和百事可乐，以及薯片和可口可乐。如果计算机有办法习得百事可乐和可口可乐同是可乐的一种，那么薯片与可乐之间的相关性将会比薯片与某个单一品牌的相关性更高。

学习这些关系需要使用多种不同的机器学习算法。在这种情况下，计算机会基于某些准则，围绕某些事物生成“聚类”。这种方法最常见的一个用途是文本分析。文本分析是网页搜索、推荐系统和广告匹配使用的关键技术之一。

文本分析的想法有点类似于我们对购物车的描述。将一篇文档视作装满了单词的购物车。现在不是要比较每个条项来计算它们的共现概率，而是观察哪个单词与其他类似单词具有最高的相关性。例如，我们可能会发现“猫”“狗”“仓鼠”经常和某些相似的单词如“宠物”“食物”等共同出现。聚类是一种数学技巧，它能发现这些单词中的对应联系并且把同时出现的相似单词归为一类。

这听起来比较直观，这个想法也很直观。但语言中有许多词语存在歧义（想想“waste oil”的例子），并且可能发生在多个语境中。找出与“鱼”同时出现的和与“军事”同时出现的单词“tank”之间的不同，将给这类系统造成很多问题。而且搜索引擎之所以仍然存在检索问题就是因为它们无法良好地处理这类歧义性问题。

同样的数学方法可被用于聚类其他的事物。例如，医学流行病学系统试图将患有某些疾病的病人与一些其他的因素（包括他们去过哪儿或者他们吃过什么）进行聚类；广告商试图将具有相似偏好的用户聚成组；政治家可能会根据人们会为了什么投票或不投票（或者什么可能左右人们投票给某个特定候选人）对其进行聚类，以及许多其他的应用。

简言之，现代学习系统通常通过数据（或词语）抽取从中寻找那些密切相关的数据（或词语）来进行推理。识别这种模式对机器而言将会非常有用，而且这是 AI 研究中极其活跃的一个领域。

值得注意的是，在本书的上下文中，我们一直在讨论学习，即系统进行推理的能力，其相关研究工作倾向于如上所描述的数学系统。然而，还有另外一种学习，是基于非常不同的原理，正成为 AI 研究中非常重要的一部分。该方法叫作深度学习，我们在本章的前面提到过，并且将会在后面一章中进行讨论。

创造力是什么

讨论到现在，精明的读者可能已经注意到，我们一直在避免谈论将“创造力”作为区别人类和机器的一种特性 。很显然，这就像是一件人类擅长而机器不擅长的事情。然而，定义创造力本就是一件很难的事情。

通常，对该术语的定义有两种形式：一种是使用该术语来谈论那些研发出了一些新的和有价值的东西的人。例如，在艺术领域就是这种情况，我们会讨论某个人创作了一幅绘画或者一首乐曲等。另一种是，可以用它来表示科学家创造出了一个理论，一个发明家提出了做某事的一个新方法等。

然而，该术语的第二种用法，可能与此处的讨论更加贴切。在这种用法中，创造力被定义为一种提出有可能对解决问题有帮助的方法的能力，通常意味着提出的方法要么是新颖的（一个难题的创造性解决方法），要么是超出常规的。后者包括，例如，当没有螺丝刀时，使用硬币来拧一枚螺钉；或者没有锤子时，使用石头来钉一枚钉子。尽管这类创造力并不是都与工具有关，但是许多人类学家相信正是因为对工具的使用才导致了语言和文化的产生。事实上，以复杂并新颖的方式使用工具，是将人类和其他动物区别开来的常用依据。

简言之，将人类行为与那些非人类行为区分开来的一点在于一种能将一种语境下的解决方法应用于另外一种语境或在遇到新语境时能创造一种解决方案（原创性地创造出一种合适的工具）的能力。这就是这章为何详细讨论了语境。虽然AI正带领机器沿多条道路向前发展，但机器从大量语境中进行推理的能力还很有限。

在后面的章节中，我们将探索人与机器如何合作来克服各自的某些缺点，我们也会探索那些为人工智能领域取得的新突破提供动力的人机协同技术。然而，尽管这些功能在与日俱增，但值得牢记的是，人类在跨语境推理方面具有一种惊人的能力，这是一种能将我们与AI系统区分开来的能力，也是一种许多研究者认为AI系统在很长一段时间内都会保持现状的能力。

第六章 利用 AI 扩展人类能力

我们早已开始见识 AI 技术在增强人类决策、扩展身体性能、影响交易方式以及影响我们如何与他人进行互动等方面的作用。AI 技术已经向我们证明了它们将如何在我们的私人生活中发挥更大作用，并弥补在第四章中描述的一些人类局限，例如在人们患有生理或认知障碍、感到疲劳或者压力的时候，帮助人们做出决策。在第五章，我们描述了机器目前存在的一些局限性，包括获取世界知识和准确使用上下文语境来帮助解决问题等方面。既然这些问题一直是 AI 研究与开发的关注热点，那么在本章中，我们将描述机器的某些局限性如何通过与人类交互得到补偿。

为使机器和人类更加密切地进行交互，并演化出更加多产、高效和可信的共生关系，用以支持人机交互的接口必须被改变。在本章中，我们将会描述接口技术经历了哪些演变，以及接口开发人员在未来的接口设计中所面临的一些挑战。

当人类与机器交互时，双方都具备能够克服对方缺点的潜力。在一个乌托邦世界中，这将是一份真正的福利；但是也有反乌托邦式的未来愿景，即认为它们彼此将强化对方的缺点。我们将观察这一组合内在的各种可能性。在后面的一章，我们将会讨论，随着 AI 技术的不断发展，人们需要有意避免的一些挑战甚至危险。

人类增强：当下和不久的将来

先进的计算机技术，包括使用 AI 的那些技术，正在被用于增强人类解决问题的能力，特别是当人类处在必须处理大量复杂数据或必须在巨大压力下尽快做出关键决定的情况下。AI 技术也常被用于帮助个人管理日常任务、制定购买决策以及管理财务等。例如，基于 AI 的工具正被用于教育设施中来向人们提供训练；也正在被用于疗养院中来监测个人的日常起居，判断什么情况是正常的，而且如果检测到异常情况，就会联系相关人员。

增强解决问题的能力

自 20 世纪 80 年代，帮助人们分析数据、诊断问题和做出决策的那些 AI 系统就出现了。决策支持系统，如专家系统、医疗诊断系统或计划与调度系统，历史上早已被用以帮助而不是取代人类来制定决策。许多基于 AI 的决策支持系统被定制开发为支持一个特定的领域问题。随着知识表示、机器学习、AI 相关技术以及计算设备与存储技术等方面的进步，通用决策支持工具正在变得更为可用。

为保持有效运作，许多决策支持系统或应用程序本身就需要具备一些特定类型的信息，如构成了问题域空间（通常存储在一个知识库中）的实体和事件的相关信息，如何围绕解决问题而进行计算或推理等以及与用户偏好有关的信息。人类为机器构建了许多知识库和推理技术（例如支持推理的规则等）。尽管机器学习技术在执行这项活动上正迅速变得非常有效，但构建知识库来支持自动化这一过程目前仍然主要由人类完成。

构建一个能够在某个特定领域有效并正确地支持解决问题的知识库，

需要花费很多年的时间。在用户能够对工具生成的决策或建议产生信任和信心之前，也需要多年的应用实践。

举一个例子，临床决策支持系统 DXplain㊀目前拥有一个包含大约 2400 种疾病和 5000 种症状的知识库，该知识库从 1984 年起就一直在使用和完善。

机器学习技术的进步正在缩短 AI 工具获取知识所需的时间。一个名为 Isabel㊁的临床决策支持工具（可通过互联网访问或通过下载应用程序进行使用）可以通过自然语言处理的统计软件从数据库和文本中挖掘数据，来自动地补充它的知识库。认知计算技术，正被用于沃森项目㊂，以实现自主地在因特网上执行搜索任务，来获取它在各种问题域中回答问题时所需的数据。

当前正被广泛用于支持决策制定的另外一类系统是推荐系统㊃。推荐系统通过挖掘用户的使用行为，包括用户评级和个人使用历史，获得其领域知识。目前有许多可下载的推荐程序来帮助个人制定决策，包括买酒、烹饪、管理投资、管理健康、安排旅程等。推荐技术也被用于对广告和网络用户进行匹配，因此也是决策支持领域当前发展的重点之一。

疲劳和压力

当人们由于面临太多的选择，或者由于没有足够的时间来制定决策时，

㊀ Massachusetts General Hospital, "DXplain, DXplain, Using Decision Support to Help Explain Clinical Manifestations of Disease", www.mghlcs.org/projects/dxplain/, 2016.

㊁ Isabel, "Isabel Symptom Checker for Patient Engagement", www.isabelhealthcare.com/home/default, 2016.

㊂ IBM, "Meet Watson, The Platform for Cognitive Business", www.ibm.com/smarterplanet/us/en/ibmwatson/, 2016.

㊃ Bobadilla, J., Ortega, F., Hernando, A., and Gutierrez, A., "Recommender systems survey", Knowledge-Based Systems, Volume 46, pp. 109 – 132, July 2013.

会感到疲劳或者压力，而他们制定的决策质量也会因此受到影响。人们已开展了大量研究来测量压力和疲劳会如何影响人的认知功能和决策性能[一]。研究表明，除了很难制定决策，人们也很难回忆起制定决策所需的事实。一些研究将这种状态称为认知损耗或自我损耗[二]。

军方也进行了大量的性能研究，以判定高压环境（如军事战场环境）如何影响士兵的身体及其认知表现。时刻变化的战场环境是一个高压环境，即便士兵对环境中频繁的变化和/或敌人的不断侵略而筋疲力尽、不知所措，他们也必须做出决策。战场压力也能同时触发生理和情绪上的变化，这可能会阻碍他们做出有效的决策。

计算机与人类不同，它不易疲劳，也不会为情绪所控，所以在类似于时刻变化的战场上所面临的这种高压场景下，计算机可以帮助士兵评估他们所处的环境，考虑机遇、风险并且权衡利害。

让人在环内

尽管在许多高压、复杂和/或高度不确定的情况下，计算机的表现不可否认要比人类优秀，但是人类需要留在环中，因为人类会经常引入许多目前的技术无法进行计算的解决方案。考虑这样一个由于人为干预而导致导弹发射推迟的情况。1983 年，斯坦尼斯拉夫·彼得罗夫（Stanislav Petrov）在一个核预警系统指挥中心担任值班员，当时系统报告说从美国发射了一枚或多枚导弹。彼得罗夫的工作就是对此做出恰当回应：任何其他国家的武器发射行为都需要本国以发射武器作为回应。然而，由于这种行为一旦出错，就会产生很高的风险，所以在回应之前，他检查了一些其他数据，

㊀ Staal, M.,"Stress, Cognition and Human Performance: A Literature Review and Conceptual Framework", NASA/TM-2004-212824, http://ntrs.nasa.gov/archive/nasa/casi.ntrs.nasa.gov/20060017835.pdf.

㊁ Baumeister, R. F.,"Ego depletion and self-control failure: an energy model of the self's executivefunction", Psychology Press, 2002.

包括地面指示器的数据。后来当彼得罗夫接受采访时，他被问到了这个决策并指出，影响他做出不发射导弹决策的因素有以下几个：他得到的通知是，美国的打击将是一个全面的打击，所以发射五枚导弹似乎并不是一个合理的开端；发射检测系统是新部署的，并且他认为，系统还不能完全可信；同时，地面雷达没有检测到导弹发射的确凿证据，即便延迟几分钟之后仍是这样[㊀]。

如果一台计算机被设定为自主地执行这项工作，并且如果它遵循这样一个规则“如果看到一个传感器表明有武器发射，就以反制措施回应”，那么计算机采取的行为就可能与人类的回应行为不同。为什么？这可能因为，彼得罗夫认为做出正确的回应是他的人事责任，如果他犯了错误，他需要对错误负责，所以他决定采取一种对自己和大众均具有较少负面影响的行为。在2013年的一次采访中，彼得罗夫说，在事件发生时，他不确定报警是错误的；相反，他认为他的民用培训帮他做出了正确的决策。因此，让计算机和人类共同工作的好处之一就是，他们可以为彼此提供选择，以平衡各种因素对制定决策的影响。

人类习惯于做出决策，即便他们并没有了解全局事实（不完整的信息）或他们对某些事实并不确定（不确定性）。但通过从正规的培训或从别人那里得来的经验和指导，他们学会了如何权衡与某一特定决策相关的因素，以及如何计算这一决策在近期或将来可能引发的风险和利益。

尽管一个计算机程序可被编程为在执行行动之前要考虑不确定性并评估相关风险，但一个计算机程序可以处理所有情况，包括以前从未发生过的情况吗？我们可以设想一个稍微复杂的场景。设想有人入侵了彼得罗夫和其他操作者使用的核预警系统，不管是刻意的还是无意的，他们改变了一些信息，导致更多的传感器显示发射确认。我们希望在这个自动化系统中建立一个良

㊀ https://en.wikipedia.org/wiki/Stanislav_Petrov.

好的安全保障系统，将其作为什么是我们知道的或什么是我们预期会发生的事情的一个函数，但总是会有其他我们可能没有考虑到的因素。因此，为了处理这些复杂的问题，我们认为始终要让人类在环路之内，使他们有机会在预编程的逻辑之外采取行动，将常识信息引入其中。就像在第二章讨论的医生案例一样，在可预见的未来，人类似乎能更好地考虑更宽广的背景，并在复杂的伦理场景中做出最合适的决策。

人类已经开发了许多决策支持系统来帮助作战人员进行智能分析、规划和任务—执行监控。这些问题解决领域十分具有挑战性，因为它们往往具备有限的或者彼此冲突的智能，通常需要跨越多个组织或人员进行协调，并必须迅速制订计划且计划需要能够适应各种潜在变化的约束，如有限的资源。举个例子，第五章讨论的为帮助军事决策者快速制订后勤运输计划以支撑突发危机（如自然灾害）而设计的部署规划工具。在很多危机情况下，规划人员可能无法快速使得最佳资源就位，因此该工具可以帮助他们确定需要什么、何时需要，如果首选资源不可用，可使用的其他备选方案有哪些等。

为了测量那些可能会对士兵如何制定决策产生影响的压力和其他身体条件，自 20 世纪 90 年代初以来，研究人员一直在研究可穿戴计算技术[一]的使用。军用可穿戴技术[二]为在战场上穿梭的士兵提供了轻便的可穿戴决策支持。它还能收集生理数据来确定士兵的压力或疲劳水平是否需要就抑郁症、其他心理障碍或更严重的创伤，例如创伤后应激障碍（PTSD）或创伤

㊀ Bass, L., Kasabach, C., Martin, R., Siewiorek, D., Smailagic, A., and Stivoric, J., "The Design of a Wearable Computer", CHI 97, http://icie.cs.byu.edu/cs656/papers/Wearable-bass-CHI97.pdf, March 22-27, 1997.

㊁ Howard, Courtney (Editor), "Widespread Use of Wearable Technology", Military Aerospace Electronics, Vol, 26, Issue 9, www.militaryaerospace.com/articles/print/volume-26/issue-9/technology-focus/widespread-use-of-wearable-technology.html, September 21, 2015.

性脑损伤（TBI）等疾病进行介入治疗。

可穿戴技术现在也成为普通大众触手可及的一种用来帮助个体确定何时会疲劳或何时在经历某种类型的认知损耗的技术了。一些设备可以帮助个人确定何时应该延迟对某些类型的问题的解决或决策制定的参与，或者何时应该采取行动以重新恢复平衡。有些设备可被用于告知某个人，另外一个人需要帮助。例如，婴儿所穿的内嵌有传感器的衣服，目前可被用于收集婴儿的生理数据了，如体温等。传感器向其他监测设备发送信息，提示父母婴儿需要照顾。类似的服装也可用于监测老年人的压力水平和健康状况。

个性化的支持技术

第四章描述了人类在标准的寿命期间内可能面临的局限性。许多不同类型的技术已经并且继续在开发中，用以帮助各种具有生理和认知缺陷的人们。其中一种技术被称为辅助技术[㊀]，旨在帮助先天残疾或因年龄增长而患上身体残疾（如痴呆症）的人。某些此类技术利用设备中的机器学习、语音分析和图像分析等 AI 技术，来帮助病人恢复认知，并在移动能力、监测生命体征、提供物理治疗、监测生活环境等方面为病人提供支持。

某些辅助技术，如活动监视器和睡眠监测器，也被开发用于帮助健康的人们。

图 6-1 是对于这种类型的辅助技术如何在不远的未来增强人类能力的艺术表现。图中展示的人穿戴了多种装置，用来增强他的感知输入并监测

㊀ Ashok J. Bharucha, A. J., et al, "Intelligent Assistive Technology Applications to Dementia Care: Current Capabilities, Limitations, and Future Challenges", American Journal Geriatric Psychiatry, 17 (2): 88-104, www.ncbi.nlm.nih.gov/pmc/articles/PMC2768007/, February, 2009.

他的生理状况，包括两只手腕上戴的不同的生物手环，一个生物手环用来监测他体内的一些器官，另外一只手腕上戴的是植入式监测器，能够向他显示传感器收集和计算的反馈信息，如他的胰岛素水平[一]；嵌入了传感器的衣服，可监测特定关节，如监测髋关节和膝关节的疼痛程度，或监测他的体温；一台颅骨装置，可以使他通过意念控制某些设备，或与其他的人或设备进行通信，包括能解读他穿戴在身上的传感器所接收到的数据的设备。

图 6－1　可穿戴技术的未来
（爱丽丝・穆维西尔授权使用）

其中一些设备现在已经存在了，其他一些则是在文学作品中找到的想法，并且可能很快就会实现。想象一下，不再是收到一条文本消息或听到说因为你正在脱水所以需要喝水的警告，可能未来这一信息将被呈现为在你耳边的低语[二]，甚至像是脑海中一个想法！

㊀　Bourzak, K., "TR10: Implantable Electronics Dissolvable devices make better medical implants", MIT Technology Review, www2.technologyreview.com/article/418543/tr10－implantableelectronics/, April 20, 2010.

㊁　Shinavier, J., "Web Semantics For Multisensory Integration", PhD Thesis, Department of Computer Science, Rensselaer Polytechnic Institute, September, 2015.

此外，在不久的将来，应用程序有望能够分析你的生理传感器数据，并确定何时会出现潜在的健康问题危险。

不再是建议您与医生进行预约，应用程序可能会利用所谓的电子健康技术来安排预约并为此提供便利。电子健康目前正被作为一种新方法向全球社会中的人们提供医疗保健。它利用复杂的技术，如 AI 决策支持系统、可穿戴智能家居设备及其通信功能，使遍布全国的医疗设施和服务能够实现数据共享，这样就能使得患者无论身在何处，都能得到医疗保障。电子健康应用程序可能会安排一辆机器人车把病人送到医生办公室或医院，它也能与家庭机器人助手进行沟通，就像日本开发出的行为举止像护士一样能在家照顾人[㊀]的机器人，并让那些机器人助手提供医疗健康服务。

尽管机器人研发不是本书讨论的重点，但许多机器人依靠基于 AI 的规划算法在环境中进行导航并帮助执行任务。许多医院已经在以多种方式使用机器人，从送餐到帮助外科医生做手术。机器人能够直接利用来自我们生活空间中的传感器和/或我们穿在身上用于监测自身生理状况的传感器的数据。一个托管在机器人或其他可穿戴和移动设备中的 AI 认知计算系统，可以随时随地向人们提供个性化的临床决策支持；诊断病人的症状，并给出关于饮食、用药、身体锻炼等方面的建议。

构建用户接口

人类通常通过某种类型的用户接口，如键盘、触摸屏、鼠标、语音等，来与计算机进行交互。随着人们越来越习惯带着各种目的在各种各样的场景下使用不同类型的计算设备和应用，他们希望接口能变得更加人性化和

㊀ Japan: a national strategy for e-health based on robotics, Le Mag Article, http://esante.gouv.fr/en/the-mag-issue-12/japan-a-national-strategy-e-health-based-robotics, September 23, 2014.

自然。为了跟上计算机技术的发展，用户接口已进行了多次改变。打孔卡是 20 世纪 70 年代早期人类向计算机输入数据的主要方式[一]。鼠标在 20 世纪 60 年代晚期即可用于支持数据输入了，而到了 20 世纪 80 年代晚期，使用户能够通过多种媒体（包括地图、图表、文本等）与计算机及其内容进行交互的计算机接口出现了。用户接口演变得更加自然了，并且在某些情况下，几乎成了用户的扩展，或实际上增强了用户。想一想，当你在录入一篇文章或进行演示时，键盘和鼠标如何成为了你双手的扩展。

在 20 世纪 90 年代，混合主动接口研究专注于研发一种能使一个人和一个或多个软件代理（可以执行某些特定任务的一种自动化软件实体）彼此协作来解决问题的接口。在混合主动系统中，接口超越了仅用于支持用户和机器之间进行通信的表面机制；它还包括一些帮助机器理解人类的目的和意图的软件[二]。

对一个特定的计算机接口进行设计和实现的要求通常是受到用户群体的需求驱动。尽管标准的接口样式和窗口小部件都是可用的，但是接口通常需要定制开发以支持复杂的认知问题，例如空中交通控制、军事规划、财务分析、地震分析等。定制接口通常是为了有特定学习需求和/或身体障碍的人开发的。另一方面，设计师也会接受为一些没有具体用户的设备和应用来开发接口的挑战；这些接口必须被设计成几乎任何人在执行几乎所有任务时都能使用。

接口要能使所有不同类型的用户和多种不同类型的计算设备和应用之间进行通信。这类接口需要向计算设备或应用提供输入，信息处理的某些

[一] IBM 100, "The IBM Punched Card", www-03. ibm. com/ibm/history/ibm100/us/en/icons/punchcard/, 2016.

[二] Horwitz, Eric, "Principles of mixed-initiative user interfaces", in CHI' 99 Proceedings of the SIGCHI conference on Human Factors in Computing Systems, pp. 159 - 166, 1999.

方向或偏好，以及向用户输出结果的方式。此外，在我们当前的计算环境中，接口还要能够保护个人隐私。这对于实现私人 AI 助手来说尤其重要。目前，研究人员和高级系统开发人员正在研究这种接口的开发需求。其挑战在于，目前能被用于构建良好用户接口的许多标准方法（能够妥善保护用户的隐私）都不能再使用，因为创建使私人 AI 助手成为现实所需要的技术，目前仍然是研究上的一种挑战。[一]

如前所述，可穿戴技术也在日渐被人们所接受，这将导致人们对设备的需求会变得更加轻便小巧，并要求创建新的接口以便于交互。可插入和可植入的装置（通常用于健康监测），则被要求具备生物兼容性以及通过人体与其他设备进行交互的一些方式[二]。人类也在探索更多面向未来的接口，例如，wetware 是研究人员用来描述一个生物系统如何通过直接脑—机接口[三]使人用思维进行通信并控制一个假肢或外部机器的术语[四]。全息投影和虚拟现实作为一种能在不久的将来实现的人与机器通信的接口，也在积极研发之中。

人类增强：不久的将来与在此之后

由于计算机技术的构建成本降低，而实现它的方式却在不断提高，许多曾经一度仅为政府和大型组织所用的复杂精密的决策支持、分析和计算技术现在已经能够被普遍使用了。传感器功能和数据分析技术现在也可供

㊀ Nardi, B., some problems are described in "Designing for the Future-But Which One?", Interactions of the ACM, pp. 27–33, January-February 2016.

㊁ Holz, C., Grossman, T., Fitzmaurice, G., and Agur, A., "Implanter User Interfaces", CHI'12, Austin, Texas, USA, May 5–10, 2012.

㊂ John Hopkins Medicine, "Mind-controlled prosthetic arm moves individual 'fingers'", www.sciencedaily.com/releases/2016/02/160215154656.htm, 2016.

㊃ Schmidt, A., "Biosignals in Human-Computer Interaction", pp. 76–79; ACM Interactions, January-February 2016.

个人用于监控和管理他们的日常家用资源了。汽车通常配有能够帮助驾驶员导航、停放、规避事故的计算机技术，甚至能在技术检测到车辆卷入事故时实施救助。

目前，机场也开始提供类似虚拟助理的辅助技术，为机场的各地旅客们提供关于转机、在哪里搭乘公共汽车等信息。全息辅助正变得可被广泛用于向各种工作提供支持。图 6 - 2 展示了一个在销售化妆品的虚拟促销员的实例。

图 6 - 2　销售化妆品的全息虚拟促销员
(www. youtube. com/watch? v = mXyuUWUfxLM)

人类已经习惯将技术用于行政、教育以及娱乐支持。智能手机上的应用程序常被用于查找位置，获取就餐地点以及推荐到达路线等。这些设备和应用程序，曾经对许多人来说很新鲜，但现在却成了普遍的需求。随着它们变得越来越普及，我们对于它们能为人类提供什么服务的期望也越来越大。例如，在不久的将来，将会有更多的人在家中安装多个智能设备。这些设备也会在自己需要维护时及时通知房主。随着娱乐系统对自己的观众越来越了解，它们开始向观众推荐更加贴合观众喜好的娱乐项目。行程规划与管理软件将向用户提醒他们的约会和家庭活动安排。家庭安全系统将会在有入侵者时发出警报，并在必要时通知外部机构。

虽然有一些未来技术设施构想起来很容易，并且正在变得普适，但是下面的技术可能需要人类花一些时间才能实现。

个人助理

AI 技术的发展可能会对许多潜在的未来和社会变化产生影响[一]。判定使用一项特定技术的设备何时才能得到普遍使用，是很难的。举个例子，已在智能手机和平板计算机上的工具（如 Siri[二]）得到普遍应用的语音交互技术。早在 20 世纪 90 年代的一个名为“跨时代追踪”（Time Trax）[三]的美国电视剧中，它已被用于向一个追捕罪犯的未来警察提供支持。

剧中，一个警察能够使用语音与他的计算机交互。他的计算机并不是一台手机；而是只有信用卡般的大小和形状；其中嵌入了一个智能的、类似于 AI 的计算机程序，称为 Selma；Selma 表示“指定封装的无限记忆档案”（Specified Encapsulated Limitless Memory Archive）。除了能够与 Selma 交谈并听取她的回复，这个警察还能够与她的视觉形式进行交互，因为，如果需要改善他们的沟通效率，Selma 可以将自己全息投影为一个人类女性的形象。

基本上，Selma 充当了一个个人助理的角色。她增强了其人类用户，扩展了他的知识获取能力，帮助他做出决策，甚至基于她对事实环境的理解以及她对未来的预测能力，提出一些建议和解决方案。

于是，在 1990 年作为科幻小说被展示的内容，在 2014 年已经部分成

[一] Hodjat, B. , “Artificial Intelligence: What Will the Next 20 Years Bring?”, The Huffington Post, www. huffingtonpost. com/babak-hodjat/artificial-intelligence-w_1_b_8894418. html, December, 2015.

[二] www. apple. com/ios/siri/, 2016.

[三] Wikipedia, “Time Trax”, https: //en. wikipedia. org/wiki/Time_Trax, 2016.

为了现实，并且随着最大的几家科技公司都相继投身于虚拟助理的创建，它在不久的将来会变得愈加现实。除了 Siri，也出现了许多新的虚拟助手，像是 Facebook 通过其 Messenger 应用程序提供的礼宾服务 M、Google Now、微软的 Cortana 和亚马逊的 Echo（一种声控起居室设备，可以控制你的居家氛围）等，这些都处在开发或提升阶段，可用来帮助提高人类的决策制定能力[⊖]。以上所有例子中的虚拟助理，都使用人工智能技术向人类学习，以便成为更合格的个人助理。

随着科研开发解决了语境和自然语言理解（在第五章中描述）上存在的一些问题，向个人提供服务的 AI 认知助手也将越来越多地走向市场。基于 AI 的个人助手将能够与人类进行沟通并了解我们的目标。无须动用上百个应用程序和多个设备来操作，这种个人助手将根据我们的目标信息去寻找并整合相关的信息，随后以一种我们能够信任并理解的形式提出行动建议。

机器人系统加上 AI 的推理能力，将会在家用环境中变得常用且更加经济实惠。无须通过键盘输入，人类将能够通过一个涵盖了语音、手势和情感识别等功能的接口，与机器人进行交互。专用机器人将根据实际需要提供个性化的护理或陪伴。如果有人跌倒，机器人将能够帮他站起来并将其送至医疗机构寻求帮助。

计算机也将继续增强人们跨越地理距离进行交互的能力。不必非得通过一台笔记本计算机或使用 Skype 才能与他人进行电话会议，很可能一个人走入他房屋中一个特别的房间，在那里他可以沉浸在他想与之交谈的另外一个人或一群人的整个环境中。实时语言翻译也开始走出实验室、投入

⊖ Murgia, M., "The race for virtual AI assistants is on, but the ultimate prize is you", The Telegraph, www.telegraph.co.uk/technology/news/11874511/The-race-for-virtual-AI-assistantsis-on-but-the-ultimate-prize-is-you.html, September 18, 2015.

实践，这意味着此类沟通将不再强制要求每个人都说相同的语言。此外，一个人也将不再需要亲自参加某些会议或执行某些特定任务，只需要将任务委托给知道用户偏好和目标的智能引擎或代理执行，或者使用他的 AI 个人助理来提供监督和管理。一个人有可能会派出一个虚拟 AI 作为自己的代表参加会议。再深入一些，也许未来的某些会议将完全由能够代替人类谈判和决策的 AI 代表们参与。

可植入式计算机

一些旨在将目前在笔记本式计算机或者手持计算机上执行的许多任务转换成由可植入我们身体中的机器来完成的工具，目前正在研发之中。可插入式设备（可被移除的小型植入装置）正变得越来越受欢迎。正如我们能够在宠物或农场养殖的动物中放置微型芯片来监控家畜一样，目前正在开发的可插入设备还可以提高我们的认知和生理能力，并能够执行一些非常具体的任务，例如授权某人进入某个戒备森严的物理空间。不必非得在传感器上刷一张特殊的门卡，一个人能够通过在门边挥一下手（如果他们记录在植入式设备中的认证信息是正确的），就能将门打开[㊀]。

随着这些设备的开发、测试和广泛应用，我们认为，评估和维护这些技术的规章制度，连同设备向它们的人类主人提供的服务，都将得到提高。例如，联邦药物管理局目前正在进行一个被称为唯一设备识别（UDI）系统[㊁]的项目，目的是追踪并评估新型医疗设备。UDI 关于医疗设备的信息是跟踪和管理它们的一种方式。通过此系统收集的数据可用于评估设备的使用方式、它们存在的问题、已召回的数量等。目标是制定加强质量控制以

㊀ Heffernan, K. J., Vetere, F., and Chang, S., "Insertables: I've Got IT under My Skin", Interactions of the ACM, January-February, 2016.

㊁ U. S. Department of Health and Human Services, U. S. Food and Drug Administration, "Unique Device Identification UDI", www.fda.gov/MedicalDevices/DeviceRegulationandGuidance/UniqueDeviceIdentification/, 2016.

及设备的分发使用的标准和政府法规，从而提高患者的安全性。这些可植入设备与 AI 技术的关系既充满希望又有些可怕，我们将会在第八章继续讨论该领域中关于新兴人工智能技术带来的挑战。

增强记忆力

记忆是一个人非常私密的一部分，并且通常与我们对自己的个人身份认定高度相关。我们依靠记忆来解决问题，回忆或重温过去。人们的记忆能力各有不同。对一些人来说，记忆可以像电影一样重放，场景中的每个细节都能记住。对另一些人，记忆则表现为片段或单个的事实。记忆可以在需要时显现（就像使用计算机进行搜索时获得一个结果），或在某些特定场景中自动显现。由于人们使用自己的感官系统从自己的角度去体验世界，因此记忆往往会存在偏见。有些记忆你想忘记，有些则相反。不幸的是，随着人们年龄的增长，许多人会出现记忆问题。有时候一个人在回忆事实时有些迟缓，有时候一个人会不记得正确的事实，有时候一个人似乎什么都不记得了。

虽然搜索引擎技术对许多人来说已成为一种很有价值的记忆辅助工具，但它仍然无法帮助患有严重痴呆症的人。尽管一个搜索引擎可以帮助患有轻度记忆问题的人填充记忆空白或轻微刺激他们的记忆，使得他们能够记起并得以讨论，但是一些患有严重痴呆症的人甚至无法使用搜索引擎。用来帮助轻度痴呆症状的记忆辅助技术目前正在开发中。这些设备能够帮助一个人追踪天数和日期，并帮助他们规划、管理任务和事件。这些工具也可以提醒一个人何时吃饭、赴约、与亲人交流等。

一些其他记忆辅助设备能够分析可穿戴监测器的数据，使用监测个人生活环境的传感器数据，或根据医生的指令向病人提供个性化的提醒服务，如何时服药、何时进行物理治疗等。还有一些记忆辅助装置能够提供更加个性化的服务，例如帮助个人追踪很容易放错地方的物品，如钥匙或钱包，还能帮助他们识别老照片中的人。事实上，目前正在开发的某些技术还可以识别扭曲的面部，这也是很有用的，因为人们在化妆后会看起来不一样，并且，他们的外形会随着年龄的增长而改变。许多关于记忆辅助技术设备的描述，以及其他记忆问题和解决方案的信息都可以在阿尔茨海默病协会的网站上找到[一]。

随着我们继续使用各种技术来监测我们的健康、辅助解决问题、与人交流并社交，同时随着认知计算算法在检索相关信息、标记感知信息，以及识别常见语境中包含的模式等方面变得越来越可靠，它们将成为收集、存储和追溯个体记忆的新媒介，这实际上是对个人生命历程的归档。

也许在未来的某个时刻，这种类型的辅助技术将采用一种可植入设备的形式，如脑起搏器，来增强人类认知及其功能。目前正在开发的脑起搏器主要用来对阿尔茨海默症和帕金森的治疗提供支持[二]，这类疾病会伴随某种形式的痴呆症状。第一个脑起搏器在 2012 年[三]被植入患者脑部，关于此类设备对患有不同程度认知衰退病人的治疗效果的研究还在继续。当前的研究还包括采用更多的 AI 技术来增强这些设备，以帮助病人填补当下和过去生活的细节。这项研究的大部分工作都还处于早期阶段，但很显然，它将在人口老龄化的发达经济体（如美国和日本）中变得愈加重要。

超越个体

人工智能技术和个体用户的整合是一个新兴领域，也受到了极大的关

㊀ Alzheimer's Association, "Assistive technologies-devices to help with everyday living", http://www.alzheimers.org.uk, April 2016.

㊁ Strickland, E., "How Brain Pacemakers Treat Parkinson's Disease", http://spectrum.ieee.org/tech-talk/biomedical/devices/new-clues-how-does-a-brain-pacemaker-controlparkinsons-symptoms, 2015.

㊂ Ohio State University Wexner Medical Center, "First brain pacemaker implanted to treat Alzheimer's", Science Daily, www.sciencedaily.com/releases/2013/01/1301231649-06.htm, January 23, 2013.

注。正如我们在前面章节所描述的，相关技术正在变得越来越常用，并且许多技术现在已在测试之中。我们首先会见证的可能是这些技术在老年人或残疾人之辅助设备中的应用，这个领域对于辅助设备的巨大需求，可能会超过将这些技术带给更多普通人士时他们的需求。

另外一个 AI 之使用也在不断增长的领域是那些能够让多人协同工作来解决疑难问题的新技术。这些新应用超越了我们今天在 Kickstarter 和 Wikipedia 等网站上看到的众包，它们成了一种能使人类和计算机一起协同工作从而组成强大团队的社会机器。我们将在下一章讨论正在兴起的社会机器世界。

第七章
社会机器：拥抱模糊

现实生活充满且必然充满各式各样的社会约束——社会便是由此而生。借助计算机，我们能够在网络上创造抽象的社会机器：由人类进行创造性工作而机器完成管理任务的过程……

——蒂姆·伯纳斯－李与马克·菲谢蒂[1]，1999

在上一章中，我们探讨了 AI 系统如何被越来越多地应用于人类能力的拓展。然而，在我们日益网络化的世界中，使用应用程序的人们，以及应用程序本身，都能够互动交流，导致出现了越来越复杂的“系统的系统”。本章，我们将在多尺度上探索这些交互，观察人们如何使用机器进行网络连接，机器如何增强人们之间的网络化，以及所有这一切如何提供了一种由人与计算机的集成所驱动的日益强大的机制。在上一章我们讨论了 AI 对人类能力的增强，本章将反过来关注人类对 AI 的增强。

---

[1] Berners-Lee, T. and Fischetti, M., *Weaving the Web: The original design and ultimate destiny of the World Wide Web*, Harper Collins, New York, 1999.

Web 2.0

大约在千禧年之交，一个新的术语问世了。“Web 2.0”这个词开始被用于表示所谓的第二代网页技术（使用了在许多计算机应用及程序中流行的编号方案）。其主要观点是，新技术的发展使得用户无须创建他们自己的专用网站就能更容易地输入信息，从而改变了网络互动的本质。21世纪初的新技术包括：便于创建并发布博客的软件；每个人都可以输入内容使之成为网站一部分的维基百科（wikis）；以及人们可通过添加关键词来帮助别人发现自己所需资源的标签网站，例如Flickr。同一时期出现的还包括现在我们通称的社交网站，例如在英语国家创建的Friendster、Orkut、Myspace和Facebook，以及起源于中国的人人网。约会网站也开始兴起，通过网络人们可以跟他们在网上遇到的其他人（据报道，截至2013年，1/3的美国婚姻都是从在线约会开始的）约会。在接下来的10年里，改名后的Facebook很快流行起来，击败了其他竞争对手一举成为第一个用户量过十亿的社交网站。提供其他社会化交互方式的网站也不断兴起，特别是那些基于短消息和微博的应用，例如Twitter、中国的新浪微博以及之后的Snapchat、Messenger和WhatsApp等。

（曾有人使用社会机器一词来指代这些微博和消息应用网站，特别是Twitter。但是，正如我们将在下文所描述的，这一从本章开头的引述衍生出来的短语，更常被用于表示另一种非常不同的互联网交互方式。）

随着社交网络的发展，以及如今数十亿可以通过网络与他人进行联系的用户所带来的社会变化，“Web 2.0”这个词已在衰退；人们认为这就是网络本身（并不需要新的代号），或者它正在演变为新一代网络（尽管Web 3.0这一术语从未广泛流行）。且不论如何命名，现今已经变成了一个无处不在的短消息以及社交网络早已成为了人们日常生活的一部分的世界。

在人们对万维网和移动应用程序的使用中，社交网络软件已变得日渐普遍。Facebook、Twitter、SnapChat、Tumblr、Instagram以及许多其他软件已经成了人类日常生活的标准配备。随着网络承载了越来越多的社交活动，这些网站和应用的经营者得以获得大量的用户数据，并有能力对其进行更多分析以获悉用户的意图。这些信息被用来将用户的兴趣（推测得到）与他们在社交媒体流上发生的点点滴滴（即便是在自己的社交媒体源网站上，一般用户也往往只能看到一小部分信息）进行匹配，这样就能通过将广告精准地匹配给用户以实现营利目的。

这些信息也可以另作其他用途，这点已成为AI研究的热门领域。例如，我们在第二章中提到的Google流感趋势预测，便是一种根据人们的网络搜索行为来预测真实世界未来情形的早期尝试。基于用户的在线发言和行为来预测用户特征的社交媒体分析，正成为万维网经济愈加重要的一个方面。对于不同的用户，他们所能在自己的搜索结果、社交媒体、呈现给他们的广告中看到的内容，都取决于这些运营商通过用户数据做出的推断，包括用户希望在网上看到什么内容，或者哪些内容可以更好地促使用户采取行动（包括点击广告链接、登录网站，或在线下购买产品等）。然而，正如本书前面所讨论的，计算机在对用户语境的判断上依然表现不佳，AI系统仍然得益于人类的交互和干预。然而，在社交媒体或其他大型系统中，个人很难提供他们的语境，或确定具体的交互细节。这些问题悬而未解，而且事实上它们会随着规模的增长变得越发糟糕，使得用户经常对这些意欲帮助他们的系统感到沮丧。例如，人们在网站或手机应用上对广告拦截器的使用越来越普遍了，因为他们发现这些匹配给自己的广告往往是不合时宜的。当用户想在网上进行购物时，一次搜索可能会有所帮助，但与需求无关的广告只会惹恼他们。让AI在大规模上理解人类的复杂行为仍是一项艰巨的挑战，世界上最大的一些互联网公司已在这方面投入了大量资金，期望攻克这一难题。

互联网效应：梅特卡夫定律

随着每一种通信技术（包括社交网络与大型网站）的使用人数都在增多，潜在的通信链路数量呈现出了一种指数增长的趋势。此即所谓的网络效应，它可能是一把双刃剑。从积极的方面来看，数量庞大的用户可以彼此进行交互，结果就是产生了本章将进行讨论的大量社交媒体和其他网站与应用。从消极的方面来看，由于存在大量的潜在交互，一些人更倾向于试图在网络上利用他人，这引发了一系列如垃圾邮件、搜索引擎结果存在偏向性或人们尝试推动一个特殊事例的问题等。尽管现实世界中也存在同样的问题，但一个人可在线下交互的人数与在大规模社交网络以及在线网站上交互的人数相比就实在是小巫见大巫了（例如，Facebook 报道他们的网站上拥有超过 10 亿用户）。

最能表现这种网络效应的是梅特卡夫定律，以鲍勃·梅特卡夫于 20 世纪 80 年代早期提出的一张图为基础，据梅特卡夫称，这张图最初用于更好地向其公司的以太网板用户解释，为何他们购买的网板越多则需要的就越多。梅特卡夫假设，尽管网络的花销随连接数量的增长呈线性增长，但网络价值的增长却与连接数量的二次方呈正比。一个网络上的每台计算机都使用一块以太网卡同其他计算机进行通信。这样的话，如果你购买了 20 块网卡，你应该是有 20 台计算机，每台计算机都可以与另外 19 台通信，因此产生的可能通信数目为 20 * 19 = 380 条。但是，如果你有 40 台计算机，每台都可以与另外 39 台通信，那将会产生 1560 条连接。基本上，连接的增长数量正比于计算机数量的二次方（380 和 1560）；但是，网板的总花销却呈线性增长，换言之，2 倍数量的网板产生了 2 倍的花销，却带来了将近 4 倍的连接数量。网板数量增长 10 倍，价格也会增长 10 倍，但你得到的连接数却是原来的 100 倍，以此类推。

梅特卡夫定律已被用于解释许多事物（从座机电话、蜂窝电话、传真机，到网络应用以及社交网络，特别是在线社交网络）的增长规律。直观地看，我们显然认为，随着网络中人数的增多，连接性也会增强，并且如果人们可以连接到彼此的内容，那么整个网络的价值就会得到极大的增长。

近来，围绕梅特卡夫定律的有效性出现了一些很有意思的争论。有研究认为梅特卡夫定律夸大了事实，如 IEEE Spectrum 2006 年的一个栏目提出，一个网络的价值增长速度要比梅特卡夫定律所说的慢得多，其基本观点在于，并不是每条连接都具有相同的价值[一]。也有研究认为梅特卡夫定律低估了事实，2001 年发表在《哈佛商业评论》（*Harvard Business Review*）上的文章就声称网络的价值随连接数目呈指数级增长[二]。文章的基本论据为，对于大型的连通网络，例如 Facebook 或 Twitter 这样的社交网络网站，其价值在于对子群体的创造，而子群体（容量为 2，3，…，n 的子网络）的数量呈 n 的指数级增长（该数字的增长比二次方快得多）。尽管这些理论都没有在实践中得到证实，也不清楚是否每个网络都有相同的价值增幅，但很明确的是，网络效应是真实存在的。哪怕是最看衰这一效应的理论也承认，当网络中的连接数量增长时，网络提供的价值是巨大的。

与此同时，另外一种更擅长捕获用户意图的趋势已日渐兴起：即让用户在一种他们了解的情境下，根据他们期望对某些事物做出的一些带有目的性的行为，来执行一项任务。这种系统有两种常见形式。第一种，一般称为众包（Crowdsourcing），大家在互联网上已非常熟悉。这类系统中，群体中的每个人做一“小”部分工作，通过共同努力就可创造出非常巨大的内容产出（维基百科就是一个典型例子，我们将在后面进行讨论）。另一

[一] Briscoe, Bob, Odlyzko, Andrew, and Tilly, Benjamin, "Metcalfe's Law is Wrong", *IEEE Spectrum*, July, 2006.

[二] Reed, David P., "The Law of the Pack", *Harvard Business Review*, 23 - 24, February, 2001.

些例子包括每个人出资一“小”部分，集合起来就可以资助一些他们觉得很有价值但是仅凭一己之力难以负担的项目。Kickstarter、Indiegogo、GoFundMe 以及其他一些网站都是这样建立起来的，并且在人们信任的某些事业上，目前已筹集了超过数十亿美元的账面资金。但是，在我们讨论众包及其各种变形之前，还有另外一种我们需要探索的机器辅助实施的多人互动方式。

人类计算

第二种利用人们的共同合作来获益的方法叫作人类计算（human computation），这一术语最初用于描述人们出于自身利益或兴趣做的一些事，同时也能够为网站或服务运营商创造效益的情况。人类计算这一术语的诞生可归功于路易斯·冯·阿恩（Luis von Ahn），他精彩的博士论文开创了一种全新的思路来思考如下问题：如何使得一大群人中的每个人都做很少的在线工作，但将这些工作汇总起来，却能围绕某一目标形成非常庞大的力量[㊀]。这一目标可以是人们做一些事情所带来的或许他们自身都未意识到的副产品，也可以是他们为一个更加宏大的需要齐心协力才能完成的事业的一部分所做出的贡献。

应用人类计算的一个很好的例子，同时也是由路易斯·冯·阿恩率先开创的一个应用，对于在线系统的大多数用户来说都很熟悉。通常，在分享系统信息之前，系统设计师们希望知道，请求获取这些数据的用户是人类，而非只是一台试图从网站上搜刮信息的计算机。路易斯·冯·阿恩与同事们当时正参与对 CAPTCHA（一个验证码项目）的设计，即对词或图

㊀ von Ahn, L., *Human Computation*, Doctoral Dissertation, School of Computer Science, Carnegie Mellon University, December, 2005 (Published as CMU report CMU-CS-05-193).

片进行特定的操作，使它们能很容易地被人类识别，但对于一台计算机来说却很难处理。图 7 - 1 所示为一个早期的 CAPTCHA，一个当人类被问到“图片中都有什么字母”时很可能会给出正确答案（6138B）的应用程序，这对人类来说是很容易识别的，但对当时的计算机系统却很难（正如我们在第五章讨论的，计算机对于此类事物的识别能力在过去几年里突飞猛进，因此现在验证码也必须变得更加复杂了）。

图 7 - 1　一个 CAPTCHA 应用程序，其中的文本内容对人类来说很容易辨识，但对计算机来说却很难

随着越来越多的人在网站上使用验证码，路易斯 · 冯 · 阿恩意识到，人们在这上面所花的时间，总体来说，可以被投入到一个有用的目的上。即尽管每个人在处理验证码时只需花费几秒钟，但如果把所有人花费在这上面的时间加起来，就会得到一个相当大的数。问题在于，我们能把这些时间都汇总起来做一些有用的事情吗？

在对上述想法进行的一次尝试中，路易斯 · 冯 · 阿恩开发了一个名为 ReCAPTCHA 的程序，如图 7 - 2 所示。这种表格，读者可能遇见过很多次了，它汲取了捕获的想法，但不再使用随机的数字或字母，而是使用两个单词作为替代。一位用户输入这些单词，如果他答对了，则被网站认可或允许他能够做任何想做的事情。但是，在后台，某些很重要的事情也在进行：所有使用 ReCAPTCHA 的用户实际上都在帮助计算机更好地学习识别文本中的文字。

图 7-2 上图为 ReCAPTCHA 的一个示例，它将 CAPTCHA 扩展成了人类计算的一个典型成功案例，用于帮助光学字符识别中的文本处理（授权使用）

考虑图 7-3 所示的情况。这是一篇刊登在 1914 年的一期《纽约时报》上的头版文章的放大版本。该报纸的文章都被数字化并且发布到了网上，但其内容却无法检索。使用光学字符识别（OCR）技术（即计算机扫描纸张并将上面的内容转化为文字），《纽约时报》就可以得到其中的具体内容了，但实际上大量的字符都难以识别。旧文本中的文字可能被玷污、蹭掉或者因为纸张起伏而变形，这对于计算机而言都是挑战。《纽约时报》与路易斯·冯·阿恩创办的公司（后被谷歌收购）签订了合约，使用 ReCAPTCHA 验证码来帮助解决这一问题。经过多种方法的处理，那些由于各种原因导致的很“可疑”的 OCR 输出（这些词根本无法识别，单词在语句中似乎毫无意义，或者不同的 OCR 辨识会得到不同的单词等情况），都被识别出来了。

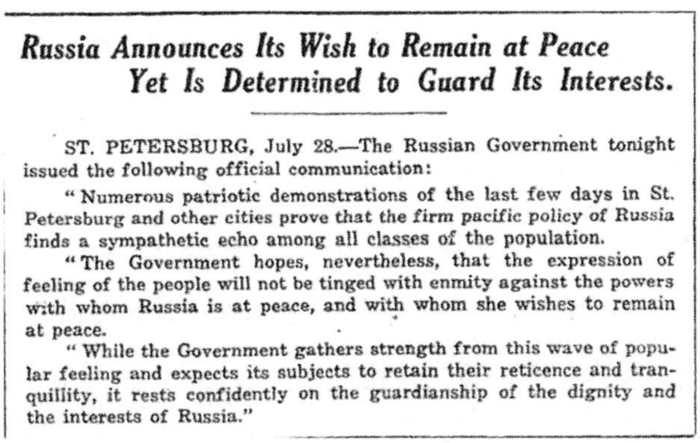

Russia Announces Its Wish to Remain at Peace Yet Is Determined to Guard Its Interests.

ST. PETERSBURG, July 28.—The Russian Government tonight issued the following official communication:

" Numerous patriotic demonstrations of the last few days in St. Petersburg and other cities prove that the *firm pacific policy* of Russia finds a sympathetic echo among all classes of the population.

" The Government hopes, nevertheless, that the expression of feeling of the people will not be tinged with enmity against the powers with whom Russia is at peace, and with whom she wishes to remain at peace.

" While the Government gathers strength from this wave of popular feeling and expects its subjects to retain their reticence and tranquillity, it rests confidently on the guardianship of the dignity and the interests of Russia."

图 7-3 1914 年《纽约时报》头版上的一篇文章

为了翻译这些可疑单词，系统会将这些值得商榷的单词与已知单词进行配对，然后将这两个单词一同呈现给正在试图访问受ReCAPTCHA保护的网站的用户。然后用户会输入自己对这两个单词的最佳猜测。如果用户正确地输入了已知的这个单词，那么他对另外一个单词的猜测也很可能是正确的。如果大量用户都遇到了这个可疑单词（与许多不同的测试词搭配出现过），那么久而久之，计算机就可以追踪到这些猜测；同时，如果大多数猜测都趋于一致，就可以认定用户输入的就是正确答案。考虑到ReCAPTCHA在主流网站上被数百万的用户使用，该系统有能力高效地识别相当数量的文字。于是，使用该系统的用户通过访问网站获得了他们想获得的价值，同时也帮助《纽约时报》转录了这些文章[㊀]。

在ReCAPTCHA得以大量部署的这些年来，毫不夸张地说，数以亿计的用户通过这种方式帮助谷歌和其他公司转录了几百万的文本词汇，使得这些文档都能被在线检索了。需要注意的是，尽管ReCAPTCHA的许多用户都没有注意到他们的努力被用在此处，但ReCAPTCHA的窗口确实包含了一个提供此信息的链接。

在一项更加野心勃勃的希望实现从转录到翻译的跨越的工作中，路易斯·冯·阿恩和他的学生创建了一个名为Duolingo的新的人类计算网站。这个网站发布于2011年，它向用户提供了一个免费学习外语的机会。作为交换，在用户学习外语的同时，他们也提供了帮助翻译文档或提供与翻译相关的一些其他服务的副产品。这一项目中，用户明显投入了更多的精力，他们每天会在外语学习上花费几分钟到几小时；Duolingo网站通过将用户集体的努力转化为他们能在后台进行销售的服务来实现盈

㊀ www.nytimes.com/2011/03/29/science/29recaptcha.html.

利（例如语言能力认证、翻译等）[㊀]。

目的性与公众科学导向的游戏

路易斯·冯·阿恩关于人类计算的另一个研究也非常著名并且已经得到广泛应用，这就是当下的目的性游戏（Games With A Purpose, GWAP）或人类计算游戏（human-computation games）。最初的一款游戏被称为ESP，由路易斯·冯·阿恩在2004年开发。这一游戏的思想是使用描述性术语对图像进行标注，但并不是像一些图像分享网站如Flickr那样的主流方法来做这件事。这类网站有一个通病：人们上传自己的照片，但是很少打标签。更糟糕的是，许多标签其实并没有什么用。例如，“妈妈”或“我最好的朋友”这类标签只有当你知道照片属于谁的时候才有意义，倘若不知道则没有什么太大价值。这也是语境给计算机造成困扰的另外一个例子，正如我们在第五章所讨论的；如果不知道语境，就很难了解标签指代的真正内容。

路易斯·冯·阿恩攻克这一问题的方法是将照片标注与一个可在线参加的竞技游戏融合到一起。如图7-4所示，将一幅照片以及一组“禁忌词”同时展示给玩家，然后让玩家打上他猜测的标签。位于其他地方的另外一位玩家也会看到相同的内容。每个玩家都输入自己认为可以最好地描述这幅图的词语（但不能使用禁忌词）。两个玩家输入相同词语的速度越快，他们得到的分数就越高。计算机将使用多种技术来确保玩家无法“作弊”，包括给不同的玩家展示相同的图片（有时会给出不同的禁忌词）来检验是否会被打上相同的标签，或者使用已知图片来确认玩家给出的答案

㊀ 路易斯·冯·阿恩在Duolingo网站上的TED讲座为那些希望了解这个系统运作方式的人们提供了很好的启发。可参见：www.ted.com/talks/luis_von_ahn_massive_scale_online_collaboration.

包含了游戏设计者输入的单词等[㊀]。游戏很好玩，它用分数作为回报的机制也运行得很好（游戏有排行榜，以及随着时间的推移所增加的其他类似特征元素）。副作用是，几百万张照片得到了高质量标注。谷歌在 2006 年收购了这个游戏，用它以及其他游戏版本，让玩家在游戏过程中同时对非文本内容如图片、音乐、视频等进行标注。除了这个游戏，路易斯·冯·阿恩还开发了许多其他游戏，同时其他一些人也开发了这种类似的游戏[㊁]。

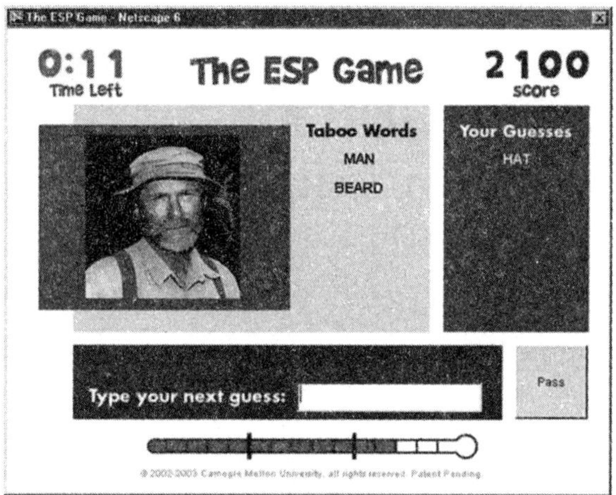

图 7-4　早期版本的 ESP 游戏截图（路易斯·冯·阿恩授权使用）

随着这类游戏在网上出现，很自然的，人们开始热衷于将它们与那些所谓的“严肃游戏”融合在一起。这类游戏的起源要早于计算机游戏，最著名的应用是在教育情景中。在计算机的早期发展阶段，它们被设计为那种帮助教导人们如何做事的简单游戏。早期的例子包括用来教小孩子算数、

㊀ Von Ahn, Luis and Dabbish, Laura, “Labeling images with a computer game”, Proceedings of the SIGCHI conference on Human factors in computing systems, ACM, 2004.

㊁ 可参见维基百科词条中对此类游戏的条目：https://en.wikipedia.org/wiki/Human-based_computation_game.

地理以及其他学科的计算机游戏。许多这类游戏，例如《俄勒冈小道》(Oregon Trail) 和《神偷卡门》(Where in the World is Carmen San Diego?) 后来变得十分流行，并在早期的个人计算机上得到了大量使用。除了教育，严肃游戏也被开发用于军队和工业界的增强培训，以及用于帮助受伤的病人来恢复生理和心理机能。

最早的一个融合严肃游戏和 GWAP 的游戏是什么已经不得而知了，但真正产生重大科学影响力的是最初由牛津大学的克里斯托弗·林托特 (Christopher Lintott) 与凯文·沙文斯基 (Kevin Shawinski) 共同开发，并在之后受到了来自世界各地众多大学的天文学家和程序员资助的 Galaxy Zoo[㊀]。受到其他组织研发的让大家来共同辨认天文学照片中物体的项目的启发，林托特和沙文斯基决定建立一个网站，让人们帮助对哈勃太空探索计划中所拍摄的部分照片来进行分类。哈勃望远镜拍摄了许多太空照片，其中包括许多内含星系的照片。天文学家们收集了超过 90 万张的星系照片，他们估计，安排研究生对这些照片进行分类将耗费数年的人力和很大的财力（如第五章所讨论的，人类在识别这类模式方面，仍然比计算机强，并且大多数开发自动分类器的努力都以失败告终了）。他们决定使用将严肃游戏与 GWAP 相结合的思路开发一个网站，让志愿者在上面浏览图片，并对看到的星系进行分类。

图 7－5 是 Galaxy Zoo 游戏截图的一个示例。一位用户可通过注册并学习一个简短的教程来了解如何辨认星系类型。他们首先会看到一幅从天文望远镜中拍摄到的照片，然后会被问到这样几个问题：选择星系的种类

㊀ Lintott, Chris J., Kevin Schawinski, Anže Slosar, Kate Land, Steven Bamford, Daniel Thomas, M. Jordan Raddick et al. "Galaxy Zoo: morphologies derived from visual inspection of galaxies from the Sloan Digital Sky Survey." Monthly Notices of the Royal Astronomical Society 389, no. 3 (2008): 1179 – 1189.

（椭圆星系还是螺旋星系）以及其他的特征（如对称性等）。人们很容易就能学会使用 Galaxy Zoo，有大量用户发现了这个网站并且相互协作。网站取得了巨大的成功，据开发团队介绍，第一版 Galaxy Zoo 有超过 10 万名志愿者参加，在 175 天内标注完了 90 万张星系照片。为保证分类结果的合理性，Galaxy Zoo 使用了与路易斯·冯·阿恩类似的方法来阻止作弊行为：将同一个星系展示给多个用户，来提高分类的可信度（并得到了一个“评分者间信度”），以及将同一个星系在不同时间展示给同一用户（以检验某个特定用户的可信度）。

图 7-5 Galaxy Zoo 是第一批的公众科学网站之一，融合了严肃游戏与目的性游戏，利用人类计算来解决某种特定的科学任务（截图由 Gwydion M. Williams 提供）

Galaxy Zoo 是如此成功，导致它的用户开始主动要求做更多的事情。一段时间后，Zooniverse，一组与天文工作有关的严肃游戏问世了。第一版的 Galaxy Zoo 引起了人们对其他类似游戏的关注，开始寻找星系或星际间其他更为复杂的特征，并且随后扩展到了射电天文学、月球科学以及其他领域等。随着其他科学家也发现了这种技术的巨大威力，Zooniverse 开始向天文学以外的领域扩展，到 2016 年，统计报告显示，该游戏已经拥有超过

100万的用户社群，并且包含了太空研究、自然科学、人类学、生物学和物理学等众多科研项目的接口。它的网站 http://zooniverse.org 成为了那些希望学习更多科学知识或希望帮助科学家探索世界而贡献出自己一些时间的人们的胜地。更进一步，Zooniverse 如今只是庞大且不断增长的在线可访问的公众科学网站中的一个。

另一种公众科学网站则以一种更加“自底向上”的风格进行开发。在这些网站中，一些爱好者，而不是科学家们，建立起一些他们可以合作分享照片、故事以及其他爱好的网站。例如蘑菇收集爱好者、鸟类发烧友等已经创建了一些知名的网站。另外一些网站则用于共享对某种类型项目的特殊爱好（如面向城市居民的水培园艺）、健康生活方式和运动相关的信息，当然还有很多其他类似的网站。这些反过来激发了其他一些超出游戏和兴趣范畴的网站的出现，这些网站运用相似的技术来解决社会问题。在本章的后面部分，我们将再次讨论这一类社会机器。

哈尼天体

是什么推动了人们积极投身于公众科学，目前仍是一个未解之谜。科学调研与问卷调查给出了很多种不同的原因来解释人们为何参与其中，而理解促使不同的人们来使用这些网站的动机，对这些网站的发展是一个重要的挑战。但是，有一种理论常被人们用于解释公众科学网站的吸引力来自何方，尤其是对于 Galaxy Zoo（或者 Zooniverse）而言。

2007年，一位叫作哈尼·范·阿科尔（Hanny van Arkel）的荷兰教师正作为志愿者参与 Zooniverse 的一个项目。她的游戏屏幕上展示了一幅类似图7-6的照片，项目要求她鉴别位于屏幕中上部的星系。她注意到星系下方有一团奇怪的绿色物体，这是在其他照片中从未见过的，因此哈尼·范·阿科尔使用了网站的一个用于在发现奇怪物体时向 Galaxy Zoo 团队发送报告（或报告系统故障）的功能。

图7－6　哈尼星体，一种在 Galaxy Zoo 项目中得以发现的天体
（由 WIYN/William Keel/Anna Manning 授权使用）

看到这一反馈意见的团队成员对此也感到十分困惑，并由此引发了项目参与者的广泛讨论。最终，它被认定为一个新的天体，叫作类星体电离回声（quasar ionization echo）。然而，天文学家与 Galaxy Zoo 的参与者们早已为它取了另一个名字：哈尼星体（Hanny's Voowerp，荷兰语中的哈尼物体），以其发现者命名。哈尼的名字也被写在了一篇名为“Galaxy Zoo：‘Hanny's Voowerp’，a quasar light echo”的文章中[㊀]，该文章发表于2009年。为庆祝这一发现而制作的咖啡杯、文化衫等，也成了 Galaxy Zoo 参与者们喜爱的纪念品。

㊀　Lintott，Chris J.，Schawinski，Kevin，Keel，William，Van Arkel，Hanny，Bennert，Nicola，Edmondson，Edward，Thomas，Daniel et al.“Galaxy Zoo：‘Hanny's Voorwerp’，a quasar light echo?.” *Monthly Notices of the Royal Astronomical Society* 399，no. 1（2009）：129－140.

维基百科：大众的百科全书

随 Web2.0 一同兴起的另外一个趋势就是著名的“众包”。正如前面所讨论的，这一现象的兴起是因为它使得一群人可以更容易地在网站上进行合作，但众包真正享誉互联网是因为维基百科的兴起。维基百科是由吉米·威尔斯（Jimmy Wales）和拉里·桑格（Larry Sanger）两位创始人在 2001 年建立的一个网站。据两位创始人所说，他们受到了许多其他网站的启发，其中包括一个名为 Nupedia 的网站，这是一个线上免费的百科全书（但其中的内容由专家编订，与传统的百科全书一样）；还有 Slashdot，它是一个用户可以在其中发布文章链接，其他用户可以阅读和评论的网站。Slashdot 起源于 1997 年，自称为“菜鸟的新闻”，最初主要聚焦于科学技术类文章。如今的 Slashdot 每天拥有百万级的访问量和几千条评论量。Slashdot 的灵感同样激发了 reddit 网站，后者拥有更大的阅读量，如今已成为评论量最大的网站之一。

维基百科是从创作那些与 Nupedia 上类似的文章起步的，但它是可编辑的。基于一种允许用户输入他们的改动且这些改动都可被追踪并记录的方式，维基百科使得非专业的作者可以通过创建文章在新主题中增加信息。维基百科上的文章是由那些简单注册一个账户并创建内容的用户们创造的。一个典型的维基页面要经过人类的检查或自动检查器的共同检查，接受后方可成为维基百科的一部分。

维基百科已经取得了惊人的成功；其英文版现如今有超过 500 万篇文章，涵盖各个主题，既包括传统百科全书如名人和大事记的主题，也包括体育比赛、明星、爱好以及几乎其他任何方面的内容。从这个角度来说，《大英百科全书》英文版列出了大约 20 万篇文章，只有维基百科的 1/50。而且，据创始人威尔斯宣称，维基百科如今有超过

200 种语言的版本，截至 2015 年，维基百科的总文章数（包括所有语言）已超过 3800 万。

现在有很多关于维基百科及其文章质量的研究，也有很多关于用这种方法管理网站是否会产生偏见等类似的讨论。维基百科项目[1]上的维基百科页面包含很多链接网页，包括对它的讨论批评、与其他在线信息网站的对比等。

维基百科表明，一个由用户驱动且派生内容（又称为“众包”）的网站，能够产生大量高质量的素材。但是，它也揭示了运营这样一个规模巨大的网站都需要些什么的许多问题，其中有些问题与我们关于社会机器的讨论尤为相关。

首先，维基百科表明，随着网站规模的增长，它们需要一个管理模式来控制网络上发生的社会行为的方方面面。就像那些目的性游戏需要控制作弊，维基百科需要控制用户的在线恶意行为，如用户可能发布错误信息，或出于自身利益发布一些立场存在偏颇的信息。随着维基百科的壮大，它已经不得不演化出了一系列究竟什么能发布而什么不能发布的政策，也不得不成立了一个“政府”围绕网站制定决策。维基百科探索了多种管理模式，其独特之处在于网站的处理过程和政策都是：他们自己在网上讨论，他们有为政策投票的机制，也有选举并赋予某些人相较其他人更大的权威的机制。

维基现实：科尔伯特与大象

关于为什么维基百科需要管理架构，可由一个发生于 2006 年 7 月的著名例子来说明。当时喜剧演员斯蒂芬·科尔伯特（Stephen Colbert）在他的节目“科尔伯特播报”中提出了一个他称之为“维基现实”（wikiality）的

---

[1] https://en.wikipedia.org/wiki/Wikipedia.

想法。他在一个节目片段[一]中戏称："在维基百科上，我们能创造出一个我们所有人都认可的事实——一个只因我们相信而存在的事实。"这一想法的核心在于，如果许多人相信一些事情，并在类似维基百科这样的网站上阐明这一现实，那么这个共识就可能成立。科尔伯特建议他的观众们去修改"大象"的维基页面，来宣称非洲大象的数量在过去6个月中增长了两倍（这将迷惑环保人士）。很多读者真的去这么做了，当人们改动页面时，维基百科需要一种机制来阻止这种"破坏公物"的行为。某些维基百科的核心编辑拥有这样一种权力：在他们觉察到一些麻烦事正在发生的时候，可以封锁页面，这也正是维基针对这一例子采取的解决方案。但是，关于这些事件的讨论、关于阻止此类事件再次发生的政策，以及维基网站上凸显出来的所有问题（如果这些人真的相信这些事情，或者人们达成的"共识"其实是错的，该怎么办?）都持续了很长一段时间，以至于维基百科的管理者（拥有特殊权限修改网站内容的编辑）转变了他们执行任务的方式。典型的维基百科风格是，对这类事件的讨论及其引发的争议被写成了一些维基页面[二]。

其次，为解决类似问题，维基百科需要部署一系列"机器人"（bot）来帮助管理员维护网站。Bots，即网络机器人（Web-robots）的缩写，是一种可以在维基百科的页面间"巡逻"并修改或标记出需要管理员审查的网页的自动工具。截至2016年，维基百科共使用了将近350种Bots。他们有些很简单，如括号机器人（BracketBot），用于提醒用户编辑的文档出现括号不匹配的情况。另外一些机器人则复杂得多，例如试图识别并恢复它们认为被恶意破坏了（有人恶意地改动了一个页面或戏剧性地改动了内容）

㊀ www. cc. com/video-clips/z1aahs/the-colbert-report-the-word—wikiality(last viewed April 2016).

㊁ 如想了解更多，请参考 https://en. wikipedia. org/wiki/Wikipedia：Wikiality_and_Other_Tripling_Elephants。

的页面，或是用于检查新页面中可能存在的侵权内容的机器人。维基百科表示，若没有这些机器人，根本不可能实现对几百万篇网页内容的维护。

在维基百科上，人类创建文章并执行大部分的创造性工作，包括考虑政治、文化等方面的问题来制定刊登什么与不刊登什么的决策。另一方面，机器人辅助管理这些超级庞大的内容，而且如果没有它们的帮助这将是不可能完成的。

在公众科学和GWAP网站上，我们可以看到类似的模式。人类做他们最擅长的事情（如对Galaxy Zoo中的星系进行分类），而机器则负责比较结果、测试有效性、控制作弊等细节性工作。因此，无论是众包网站如维基百科，还是基于人类计算的网站如Duolingo或Zooniverse，我们都可以确切地看到伯纳斯-李在他的书中所预测的场景——“人类来创造，机器来管理”的网站。

社会机器提供社会福利

尽管维基百科和Zooniverse可能是最为著名的使用广大民众贡献的时间来提供一个更大的社会福利的网站，但显然它们并不是仅有的。若要列出一个完整的名单并对这--波澜起伏的领域进行分析，可能需要撰写一本远厚于本书的书才能完成，还有许多关注人类计算主题研究的会议和期刊，旨在探究社会机器的设计和运用中涌现出的一系列问题[㊀]。

然而，在大量案例中反复多次出现的一个主题是人们对利用社会机器来增加社会公益与公众福利的尝试。这包括Kickstarter和其他众筹类网站，在网站上，人们可以向他们认为有意义的项目提供少量捐助，使这些项目在缺少政府或风险资本投资的情况下可以筹到足够的资金。

另外一大趋势是，一些网站允许人们对真实世界发生的事件进行回应，

㊀ 如果想要学习更多正在兴起的关于使用人类计算来解决问题的领域，这篇文献可作为一个不错的入门：Michelucci, Pietro, and Dickinson, Janis L., “The power of crowds”, *Science* 351.6268 (2016): 32-33。

并且允许互相合作以引起人们对社会问题的关注。这类情形常见于 Facebook 和 Twitter，但它们通常用来传播信息，而不是像社会机器那样独立运作。更好的例子是那种为了能让更多的人协同创作和更新网页而专门设计的网站，人们在网站上共同努力来攻克真实世界的社会难题。这类网站很多，但是我们将重点讨论其中的两个，它们真正展现了这种方式的威力。

第一个网站名为 Ushahidi. com，它是在 2007 年肯尼亚充满争议的总统选举后引发的抗议活动中创建的。它的想法很简单：人们可以使用个人手机向网站发布一则图片或消息来提供目击报告。使用手机传来的时间和地理位置信息，Ushahidi 可以基于谷歌地图发布报告，或者构建事件的时间线。图 7 - 7 展示了某一版本 Ushahidi 的一个屏幕截图，展示的是 2008 年 4 月发生在肯尼亚内罗毕的事件。

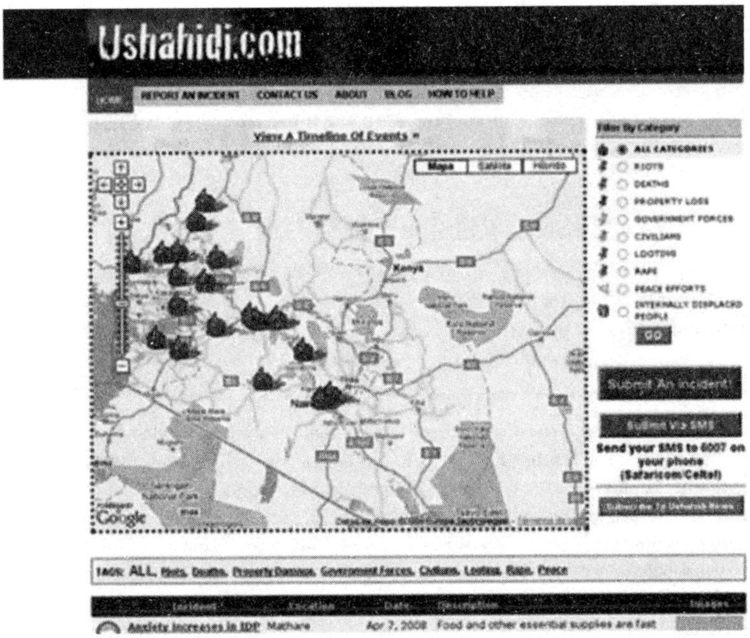

图 7 - 7　Ushahidi. com 网站的一个屏幕截图，展示了 2008 年 4 月发生在肯尼亚内罗毕的大量事件
(Olga Berrios 2/09 授权使用)

经过几年的发展，Ushahidi 已经成长为一个在世界多个地方都对“公民新闻”有巨大价值的网站。例如，在 2010 年海地大地震期间，救援工作者和其他人使用 Ushahidi 来报告需要帮助的人们的信息、他们周边的道路交通网问题等。通过 Ushahidi，人们跟踪并报道了海地发生的成千上万起事件。那年晚些时候，当深水地平线离岸钻井平台发生爆炸后，Ushahidi 又被用于创建绘制石油泄漏地图并且在之后的几年间跟踪了泄漏情况。对于这些年来全世界范围内发生的大量事故，无论自然还是人为，类似的部署屡见不鲜。

另一个例子是在印度创建的一个网站，用来打击政府腐败。网站名为 IPaidABribe. com，由一个叫作 Janaagraha 的非营利组织创立，该组织致力于加强印度的民主监督。在网站上，用户可以及时举报他们在什么情境下被要求（或强制）支付贿赂（用户也可以报告那些诚实的官员，以及遇到的一些正面的事情）。图 7－8 展示了一个典型的贿赂举报。这些举报信息可被其他人查看并分享，而运营这个网站的非营利组织定期向印度政府汇报其统计数据和一些特别令人震惊的违法行为。从 2011 年上线开始，IPaidABribe. com 已经收集了超过 8 万起贪腐报告。

I PAID A BRIBE 2 days ago 203 views

Indiranagar Traffic police

Police | Traffic Violations | Paid INR 300

Reported on **April 26, 2016** from **Bangalore , Karnataka** | Report #102059

By mistake I entered a No entry road near the Indiranagar Sony signal, where it was NOT marked as No entry. The Inspector intentionally positioned himself knowing very well that people not familiar with the place will be trapped in that. He immediately asked me to park my vehicle, asked for the DL and took the bike key and then almost disappeared. After continuous insistence and follow up he asked for Rs 400. I agreed but asked for the receipt. He immediately threatened with consequences like cancellation of DL if I ask for receipt. He then agreed with Rs 300 and returned my bike key.

图 7－8　IPaidABribe 网站上的一个贿赂举报，这是一个印度公民在线共享与政府腐败信息相关的网站

【图 7－8 中文字翻译】

我无意间错误地驶入了班加罗尔附近的一条不允许驶入的道路，但是该道路并未标明“禁止通行”。督察员明确表示，他很清楚对像我这样的对于该地段不熟悉的人来说，很容易走错方向。他直接让我停车，出示驾照，并拿走了我的车钥匙，接着就转身而去了。后来，在我不断坚持并且穷追不舍下，他索要 400 卢比的贿赂。我同意了，但是要求他开具收据。他直接威胁我说，如果我敢索要收据，就吊销我的驾照。最后，他同意索要 300 卢比，之后归还了我的车钥匙。

正如之前所提到的，这些只是为了帮助人们打击政府腐败、监督选举、报道镇压行动或者其他使用众包技术来改善世界各地人们的生活而创建的数百个网站示例中的其中几个。还有很多其他的众包网站，例如 patientslikeme. com，旨在帮助人们从彼此身上学习关于疾病与治疗的知识。而政府的公开网站，例如美国的 data. gov、英国的 data. gov. uk 等，以及全球范围内数百个国家和城市的政府网站，可以使政府收集的数据为大众所用，这样人们就可以创建更多的程序来帮助其他人。同样，也存在许多与前文提到的两个市民举报网站类似的其他网站。毫无疑问，这是一类很重要且正在蓬勃发展的社会机器的用途。

人工智能需要社会机器

本章讲到这里，你可能会疑惑，这究竟与人工智能有何联系？GWAP、公众科学、维基百科似乎只用到了很少的 AI 技术。很显然，他们严重依赖编程技术来支持他们的功能，但是支撑这些网站功能的“机器人”程序，即便用到了强大的 AI 技术，也是非常少见的。但是反过来，AI 系统，正如后文即将展开讨论的，已开始依赖于人们使用社会机器时产生的信息，来实现许多重大突破，即所谓的 AI 革命。

沃森和维基百科

举个例子，让我们考虑一下在第二章和第三章提到的沃森项目。沃森是IBM研发的一个计算机程序，以1914年到1956年期间在IBM担任董事长的托马斯·沃森命名。2011年1月，在一期特别版的电视竞赛节目“危险边缘”中，沃森与两位一直以来表现最优的人类选手围绕一百万美元的大奖展开角逐。结果是，沃森以显著优势获胜，这是AI的一场重大胜利。然而，如果我们仔细观察就会发现，沃森的能力在很大程度上来源于维基百科和其他类似的在线资源。

“危险边缘”竞赛节目的一大特点在于，它提出的问题就是答案，而参赛选手必须构思出合适的问题。例如，给定一个简单答案“人们下雨天把它们带在身上以防止被淋湿”，正确的问题应当是“雨伞是什么?”。但是，当讨论这种游戏时，大多数人联想到的是主持人问问题，选手回答的模式，此时我们采用类似这样的术语：即“雨伞”，用来表示这一简单问题的答案。

以沃森为例，在三个晚上所进行的两场电视直播赛里，计算机具备了战胜人类的能力，并以大比分获胜。游戏被设计成了一种对人和机器尽量公平的比赛模式。例如，在比赛中，沃森计算机（或计算机集群，因为实际上它使用了大量的处理器来计算答案）并没有接入互联网；它只能使用已经在内存中存储的文档。同理，它实际上不得不配备一个机械“手指”，从而可以像人类选手一样按蜂鸣器抢答问题，并成为第一个“按按钮”回答问题的机器选手。问题并不受其所能使用或分类的术语（除了没有任何“视觉”线索可用）限制，因此沃森需要对所有类型的问题给出答案。沃森没有视觉和听觉，赛后，其团队表示，要战胜共同参与比赛的两位冠军，沃森面临的最大挑战在于要足够快速地进行抢答[1]。

---

[1] 当谈论计算机与人类的比赛时，往往有这样一个误区，认为沃森取胜在于它比人类更快。但许多研究人工智能的学者却惊讶于沃森竟然能够如此快速地在数以百万计的文档中进行搜索并给出答案。

图 7 - 9 展示了沃森回答“危险边缘”问题的方式[㊀]。相比以前的 AI 系统使用逻辑推理或者概率模型来推算得到答案，沃森使用的方法大相径庭。首先，沃森使用语言工具来尝试分析问题，主要是分析问题是关于什么方面的。对沃森的性能至关重要的一点，是针对被问及的事物猜测其所属“类型”的能力。如果一个关于珠穆朗玛峰的问题以这样的描述开头：“这座山是……”，沃森需要识别，这一问题的答案应当是一座山。这似乎很简单，但是实际上人类语言的运作方式并非表面上那么简单。例如，在一个更贴近实际的例子中，如果主持人说“这座山，是地球上最高的，且它的藏文名字广为人知”。这个问题是关于山的，但它的常用名不是问题的正确答案，而是需要回答“珠穆朗玛是什么?”。如果主持人问“站在地球最高峰的山顶上，你所站之处的海拔是多少?”，这个问题是关于珠穆朗玛峰的，但是正确答案应该是“什么的海拔是 29029 英尺?”。事实上，这个问题可以是关于山脉、人、词汇、歌剧演员或者其他任何事物，找出问题类型并不是一件简单的工作。因此，沃森的第一个任务便是判定一个或多个“词法答案类型”（lexical answer type，LAT），这是表明搜索答案类型的一个词。“危险边缘”游戏的另外一种复杂性来源于它的问题可能并没有一个明确的 LAT，因为游戏会使用“这个”“它”“这些”等词汇。例如，在之前提到的线索“人们下雨天把它们带在身上以防止被淋湿”，答案的类型（物理对象）并不明确。在这些例子中，沃森只是使用了一个缺省的 LAT，叫作“NA”，并且允许任何事物与之匹配。

㊀ 比赛结束后，IBM 对沃森的系统功能进行了扩展，并精炼了沃森的功能，使其拥有了一些在“危险边缘”游戏中没有用到的其他计算能力。在此强调，本章我们所讨论的沃森是指比赛中使用的版本，而非之后得到扩展的更加全面的版本。

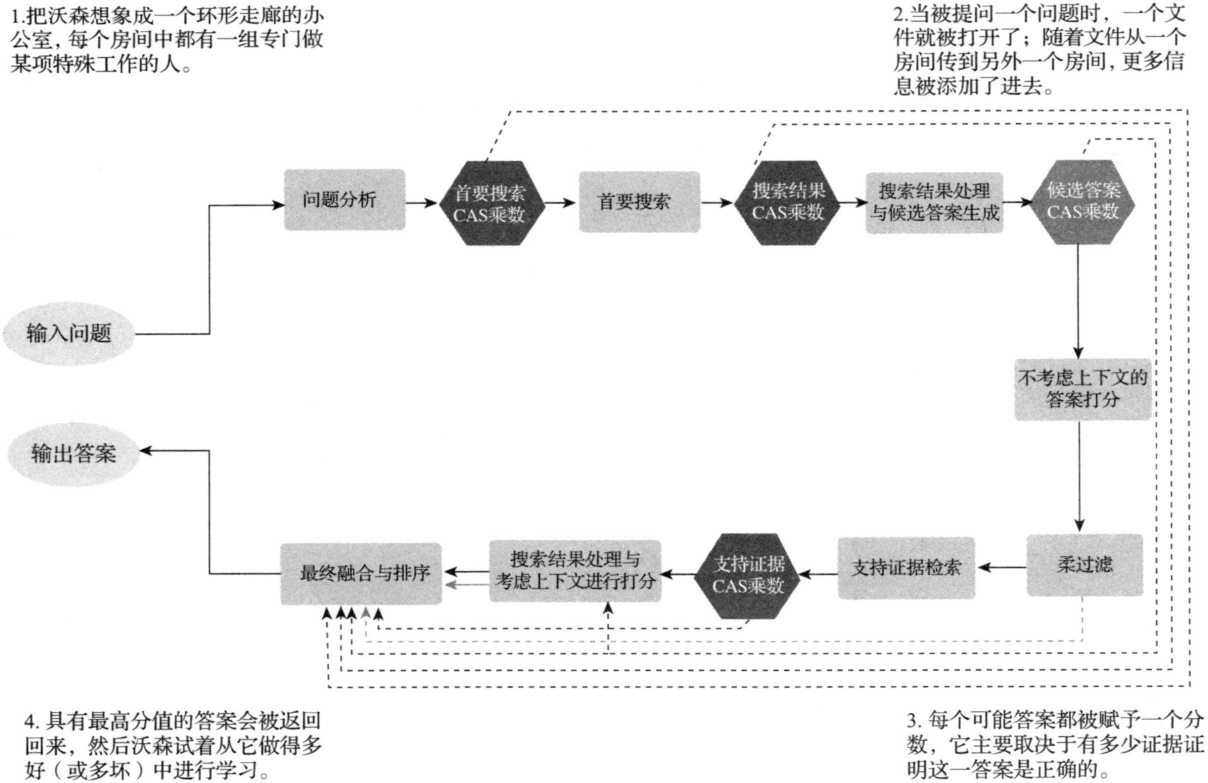

图7-9　沃森解决问题的逻辑流程图：一条前馈回路，主要用于分析答案并对答案进行排序

［图片授权使用：引自伦斯勒理工学院的毕业生Simon Ellis一篇关于沃森的海报（2012）］这张图片勾画了沃森 所采取的步骤，以及每一步处理的某些信息类型。在某些步骤之间会用到一个称为“CAS乘数”的东西，来向不 断演变的可能答案集合中添加信息，直到最后生成具有最大可能性的答案。

沃森用于搜索 LAT 的一项主要技术是基于一个叫作 DBpedia[㊀] 的系统，该系统本质上是一个机器可读的维基百科内部关系的呈现。DBpedia 的特征之一是它包含这样的信息：网页上所描述的实体是如何相互关联或关联到其他主题上去的。因此，举例来讲，以维基百科页面上提供的“珠穆朗玛峰”信息为基础，除了这个信息外，DBpedia 还包含“它是一座山”“它是一处自然地点”“喜马拉雅”的山峰之一等。使用这类信息，IBM 团队可以创建一个关系网，使得沃森可以基于它所看到的问题，以及从维基百科上挖掘到的原始信息，来判断某些可能的 LAT 会是什么。

接下来，沃森会使用一系列技术，基于对大量信息源的搜索，来判断可能的答案有哪些。这些答案将与 LAT 进行对比（如果匹配则加分）。然后再使用一系列专门的“打分器”对每个备选答案进行比对，并决定究竟哪个答案最适合回答该问题[㊁]。

从沃森团队成员的报告中可以看出，寻找答案最为有效的一项技术就是从那些与维基百科的页面名字相对应的搜索结果中寻找对应术语。这是由于，在“危险边缘”游戏中，大多数的答案都是众所周知的人物、事件、书籍、戏剧等，且大部分这类事物都有自己的维基百科词条。除了某些特殊类型的问题（可能需要选手们知晓韵律、同义词、拼写等），大多数情况下答案往往就是维基百科的词条名。因此，维基百科这一社会机器向沃森提供了赢得比赛所需要的大部分力量。这项 AI 技术依赖于协力撰写维基百科的众人所提供的信息。

㊀ http://wiki.dbpedia.org/.

㊁ 专刊 *IBM journal of Research and Development*, June 2012 (Volume 56, Issue 3/4)，对沃森的工作流程进行了详细描述。其他关于沃森在“危险边缘”比赛中的文章列表可参考 http://researcher.watson.ibm.com/researcher/view_group_pubs.php?grp=2099 (last accessed 5/2016)。

深度学习和标定数据

AI 中使用了大量不同的机器学习算法。目前，最为强大的感知技术就是我们在第五章所提到过的、众所周知的深度学习系统。这类系统有能力识别被感知到的许多事物，还能对它们进行大规模的模式匹配（第三章讨论的 AlphaGo 系统展示的能力可视为佐证）。然而，为了理解它们的力量从何而来，我们首先需要明白它们是如何进行训练的。

深度学习衍生自拥有一段悠久历史的人工神经网络（Artificial Neural Networks，ANNs），或更常见的，直接称为神经网络（当非常清楚地知道一个人讨论的是人类大脑中存在的天然神经网络还是计算机中进行信息处理的神经网络时）。早在 20 世纪 40 年代，在现代计算技术的萌芽时期，人们便开始探索，基于人脑的处理过程进行建模设计的可计算系统，是否能够以人类的方式进行学习。

20 世纪 50 年代，一个被称为感知机（perceptron）的简单模型问世了，它可以使用一种数学方法来学习特定种类的函数。给定以某种方式进行“标定”的数据，感知机似乎能够以有趣的方式对事物进行分类。起初，感知机就是简单的逻辑函数，但研究人员也尝试了一些更加野心勃勃的项目，例如一个研究人员想要使用视觉来识别不同物体间差异的军事项目。这些系统在实验室环境中似乎还能运转，但难以经受实际考验。20 世纪 60 年代末，由马文·明斯基（Marvin Minsky）与西蒙·派珀特（Seymour Papert）撰写的《感知机》（Perceptrons）一书，证明了感知机模型的许多项数学性质，并且书中使用最简单形态的感知机系统（在很多早期的实验中都用过），从本质上证明了感知机并不能完成它所声称自己有能力完成的某些任务。在很多例子中，在实验室看似可运转的系统分析往往难以应用于实际，这表明，系统实际学到的模式识别比它声称能够学到的更加简单。

很难为这些失败找到可信的案例，但众所周知的是，美国和英国政府在20世纪50年代末和60年代初资助过神经网络相关的研究。一个常被提起的相关案例是，研究人员通过对导弹和坦克的照片进行简单编码，对系统进行训练，并测试计算机是否能够将它们区分出来。当事实表明这个判别函数对于所用的网络而言太过复杂时，人们简单明了地发现导弹的照片（背景是天空）往往比坦克的照片（背景是地面）明亮得多。这个故事到底是不是真的并不确定，很多人认为它听起来像是虚构的，但通常情况下，系统学习的函数的确比研究人员预想的要简单得多——这是早期工作中存在的一个实际问题。

在20世纪70年代到80年代初的大多数时间里，由于早期系统的失败，导致人们对任何报道出来的新进展都满心疑虑。但是，在此期间，一种使用更加复杂的网络的新方法被开发出来了。这种学习方法被称为反向传播算法（back propagation），它展现了与感知机相比自己可以学习更加复杂的函数[⊖]，随后在20世纪80年代中期开启了计算神经学的新一轮研究热潮。自此以后，这一方法得到了持续发展，更复杂的网络、各种各样的数学技巧均被用来提升网络性能以及制造更加强大的机器。结合了所有这些内容的工作在2010年前后取得了重大突破，“深度学习”这个在过去几年已在神经网络领域的许多技术中都得以应用的术语，开始与新的方法联系

⊖ ANNs反向传播算法的研究可归功于两组研究人员：首先是Paul Werbos [Werbos, P. J., "Applications of advances in nonlinear sensitivity analysis", In Proceedings of the 10th IFIP Conference, 31.8－4.9, NYC, pp. 762－770, 1982]，他于1982年提出了一个数学框架，可以解决这些更复杂的问题；然后是Rumelhart、Hinton和Williams，他们于1986年提出了一个计算效率更高的模型，并且更成功地推广了这一方法 [Rumelhart, D. E., Hinton, G. E., and Williams, R. J., "Learning internal representations by error propagation." In Rumelhart, D. E. and McClelland, J. L., editors, *Parallel Distributed Processing*, volume 1, pp. 318－362. MIT Press, 1986.]。

起来。随着一篇名为《深度学习》的文章于 2015 年发表在了《自然》(Nature) 杂志上[一]，这一术语真正流行了起来。

深度学习系统是监督式学习系统的典范。它们以这样的方式进行运作：根据已知的输入进行训练，然后学习如何在其他情景下识别之前的这些输入。例如，回到我们在第五章中使用的照片（如图 7－10 所重现），我们看到，计算机对多个物体打上了标签：一个人、一只狗和两把椅子。在这个例子中，系统可能使用图中带有狗的（标定为“狗”）、人的（标定为“人”）和椅子的（标定为“椅子”）以及其他物体的图片进行训练。一个成功的学习系统随后在其他图片中看到这些物体时就能够把它们识别出来（请注意这并不仅限于图像；这种类型的学习系统也被用于提高语音的识别能力，使得计算机可以识别不同类型的声音，追踪视频中的图像等）。

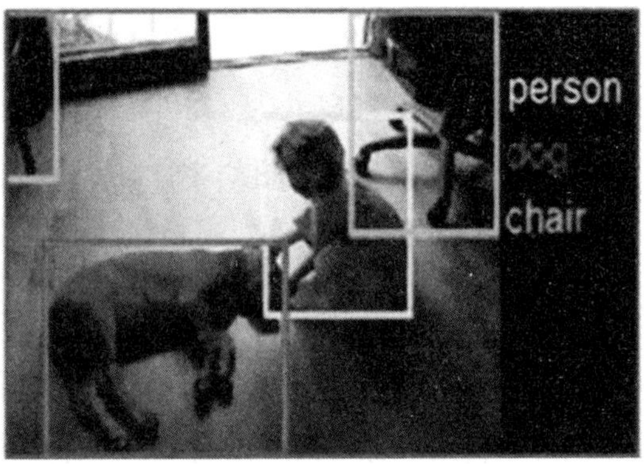

图 7－10　一张使用深度学习技术进行标定的图片

要训练这样一个系统，就需要若干相似且进行过适当标注的图片作为样例。尽管许多专门的网站提供经过仔细认证并由人工标注的图片，如 ImageNet 数据集[二]，但越来越多的人正转向包含多种图像和/或包含同种类

[一] LeCun, Y., Bengio, Y., and Hinton, G., “Deep Learning”, *Nature*, 521, May 2015.

[二] www.image-net.org/.

型不同内容且经过仔细标注的数据集的大型数据集合。特别是越来越多的此类学习系统如今使用 GWAP、公众科学网站等类似方式对图片、声音、视频进行标注。因此，这些 AI 系统也依赖于人类为它们提供输入，并在逐渐变成它们所需训练的素材的社会机器。

社会机器需要 AI

在 AI 愈加依赖于当前网络上的社会机器的同时，另外一种需求也在日渐增长，即让计算机程序来帮助人类创建并运营社会网站和应用。使用了几百个 bots 的维基百科，就是最典型的一个例子。随着它的持续发展，以及其他网站逐渐上线，对使用计算机化的支持来帮助管理由网站使用者们所产生的信息的需求也在逐步增长。不足为奇的是，随着这些网站变得越来越复杂，而且使用者也越来越多，使用 AI 技术来支撑社会机器的需求越来越迫切。

例如，在很多网站上，需要 bots 根据不同的语境适当地采取不同的策略。但是，考虑 AI 系统在辨别合适的语境问题上面临的挑战（正如在第五章中讨论的），如果我们不希望人工干预这一过程，那么就需要一种明确的制定策略的方法，从而使得 AI 或者能够判断政策是否生效，或者能够判断异常情形。例如，考虑紧急情况下医务人员需要询问意外事故受害者病历信息的情景。在很多社区中，并没有专门的系统来处理某个特定医院或医护中心以外的病历信息。获取医疗数据的常规方法对于紧急病人来说可能过于耗时，但若忽略了特定的病患数据（目前存在很多这样的情况），又很可能导致并发症甚至丧命。一个基于 AI 的系统可以允许紧急救援人员在危急关头越过它的控制，但同时会发出警告“除非这是一个威胁生命安全的时刻（并且这一访问将被记录），否则你就是在违反法律”。虽然目前的网页应用使用了一些语境信息，例如移动端浏览器可以在一定程度上使用地理位置信息，但这往往过于简单，被内置于代码程序中并被限制在特定应用中。但如果我们希望让网络应用和社会机器更上一层楼，就需要某些更强大的技术。

信息的“出处”在我们判断哪些数据是值得信赖的时候也非常重要。网络上的海量信息存在如下特点：质量参差不齐、来源多种多样且通过自动化或人在环内的方式进行集成，这就要求用户必须要能够理解他们所收集的这些“事实”的来源，并判断从集成的数据中推断得出的结果实际上是如何依赖于这些事实的。目前，已有大量研究工作在关注如何在线追踪信息的出处，特别是对于那些支持科学家们工作的网络系统中所使用的工作流程。随着这种机制变得更可用，它们也将逐步被纳入到社会机器中。

除了追踪信息来自于哪里，当前研究另外一个令人期待的领域是：随着社会机器中的信息量日渐增大，很难判断网站上是否存在某些联通的信息来帮助人们发现一些有趣的联系。举个例子，试想有一个网站，患者会在网站的某个信息板块上讨论个人对于某些特定药物的使用经验。或许，有些人会在网站的某个地方写下关于某种药物似乎有增加体重的副作用的推测。而在网站的另外一个板块，有另外一群人在讨论某种类似药物使得他们感到疲倦，因此无法多锻炼。一个能够识别其中存在的关联的系统，就有可能发现，其中的一个问题（缺乏锻炼）很可能就是另一个问题（体重增长）的潜在诱因。这在一些证据不那么明显的情境中可能更有用；例如，某些药物（如抗组胺药）可能导致某些人的体重增加，但对其他人则不会。它可能导致一些人困乏，但也可能导致另外一些人出现睡眠问题。了解其他药物使用者受到药物影响的不同方式，能够帮助病人弄清楚发生在他们自己身上的状况，并决定是否应该对此做点什么。

实现这点的一种可行方式是创造 AI bots，从而使得系统有可能从不同的角度向用户展现各种争论。例如，这就像是对于同样的数据，不同的科学家可以从不同的角度进行解释，它也使得论证和测试变成科学论述中至关重要的环节了。试想一下目前对于气候变化效应的争论。尽管绝大多数科学家都相信这是由人类活动引起的，然而关于这一变化的因果机制的理论却存在很大的争议。同样的气象学发现被不同的科学家视为探索究竟是什么人类活动引发了主要的气候变化的证据。有些科学家声称某一种机制是诱因，而其他人却认为许多不同的因素都与之相关，因此需要采取不同的减缓气候变化的方法。每一方都将自己的情况与包含不同仿真结果、数据集和分析的信息系统进行验证。有许多机制，它们允许这些不同的社区拥有他们对数据源的独特解释，也能帮助理解他人的解释，有望成为未来网络之社会接口的强大推动者[㊀]。

如果把眼光放得更长远一些，AI 技术具有帮助人们把不同语言和文化之间的分歧弥合起来的潜能，这也是上述技术能够赋予社会机器的另外一个重要能力。仅举一个例子，Ushahidi 或 IPaidABribe 网站提供了多种语言的入口。如果整合了 AI 和用户技能的网站，例如 Duolingo，能够开始提供更高质量的翻译（最终，正如有些人预测的，AI 系统达到了可以独立完成翻译的水平），那么，来自全国不同地域或来自不同国家的人们就可以更紧密地合作，彼此之间产生的误解也会比现在少。

使用了 AI 技术的算法已经被部署在如 Facebook 和 Twitter 的系统中，可基于用户的相似兴趣点来判断应该将哪些条目重点呈现给他们。而 Google 等其他网站则是根据用户的历史记录来找出用户更可能点击哪些广

㊀ Hall, Wendy, David De Roure, and Nigel Shadbolt. "The evolution of the Web and implications for eResearch." Philosophical Transactions of the Royal Society of London A: Mathematical, Physical and Engineering Sciences 367, no. 1890 (2009): 991 - 1001.

告。如果同样的技术被用于帮助创造更强大的社会机器会发生什么情况？例如，在很大程度上，哈尼天体的发现可归因于一次幸运的巧合。然而，基于公众科学网站上的用户行为模式，AI 系统有可能将科学家们与那些能够帮助科学家们发现类似哈尼天体的有趣天文现象的用户匹配起来。

回到第二章提到的医学例子，想象如果医学研究人员可以利用发布在全球所有的开放病患网站中的内容，会发生什么情况。或许，使用类似沃森的技术，他们可能会以一种能够帮助确认（或反驳）在世界各地的医学实验室中进行研究的医学假设的方式，来识别那些从某种特定药物或治疗方式中受益的病患们。研究人员们还可以使用用户网站上的大量素材进行“虚拟的”临床试验，以帮助他们决定应该对哪些人进行更加正式的医学实验。

未来的社会机器，将允许人们把现在所看到的强大的网络、早期的社会机器，与可专门用在各种领域的 AI 系统通力合作：帮助管理信息、将人们与他们所需要的能够帮助解决问题的人员匹配起来、协助管理越来越复杂的网站（这里仅列举少数几种可能情况）。简而言之，我们正在快速迈向一个新时代，在这个时代里，使用 AI 技术来帮助创造并使用这些技术所学到的内容，从而演化出新的能够向人们（不管是个体还是群体）提供把自己沉浸在不断累积的知识和人类不断的相互作用中的能力的新型社会机器，将成为可能。而且这些社会机器将使得人们不再只是他人所创建的信息的被动接受者，而是以一种远远超越今天的互联网的运作方式，让人们成为全球信息空间的贡献者。

第八章 社会机器面临的社会挑战

考虑认知计算技术能够使计算机以非常快的速度对海量数据进行搜索、模式匹配、解析、合成及解释，一些研究人员开始担心，这些系统的发展将不仅限于帮助人类，而将取代人类成为地球的下一代统治者。例如，科学家斯蒂芬·霍金曾在2014年BBC的一次采访中表示：

> “人工智能的全面发展将成为人类的末日。”……“它将自行起飞，并以一种不断递增的速度重新设计完善自己。”他说，“人类，受到缓慢的生物进化的限制，无法与之匹敌，并终将被取代[㊀]。”

其他对超越人类水平的AI技术表达过恐惧态度的人还包括比尔·盖茨、埃隆·马斯克[㊁]等实业家，以及尼克·博斯特罗姆[㊂]等哲学家，后者因

㊀ Stephen Hawking; “AI could spell end of the human race”, December 2, 2014; www. bbc. com/ news/science-environment-30289705.

㊁ Sainato, M., “Stephen Hawking, Elon Musk, and Bill Gates Warn About Artificial Intelligence”, Observer Opinion, August 19, 2015, http:// observer. com/ 2015/08/stephen-hawking-elon-musk-and-bill-gates-warn-about-artificial-intelligence/.

㊂ Bostrom, Nick, Superintelligence: Paths, dangers, strategies, OUP Oxford, 2014.

对“超级智能”所能造成之威胁的批判而名声大噪。

从不那么极端的角度来看，即便没有外延到一种反乌托邦式的情形，但对于AI所主导的未来，我们看到AI系统正在被部署为既能增强社会也可能以复杂的方式毁灭社会的这样一种不断增长的潜力。它可能存在积极的方面，如自主驾驶汽车会降低事故率，但这又很可能以人类将控制权让渡给技术作为代价。其他的收益和潜在问题可能会由试图在战场上使用无人机和自主设备来提高人类能力所造成，这其中的道德尺度对于人类来说很难把握，更不用说那些尚未经过测试的机器技术，一旦出现问题，后果将会极其严重。最后，我们可能也会关注那些把AI系统引入以前由人类所承担的工作角色所造成的社会动乱。就业岗位中新一轮的机械化浪潮目前被认为需要引入人类的认知能力，这可能会导致雇佣关系和职场关系的破坏。在这方面，最可怕的预测是将基于AI的自动化新浪潮视作同18世纪和19世纪工业革命[㊀]那种程度的社会动乱的一个关键因素。

在本章中，我们将探讨由于人工智能技术的部署以及新兴社会机器的出现而使得我们的社会可能会面临的一些潜在问题和挑战。我们还将提出一些需要认真考虑的问题，以使这些技术得以正确而有效地利用和演化。

技术开发周期

2016年，许多人才逐渐意识到复杂软件是如何利用它所学习到的关于人们在网上的购物情况，发送的电子邮件、短信和推文信息，他们穿戴的电子监控设备所收集的数据以及社交媒体上分享的内容等来分析预测特定个体的购物需求和下一步的安排计划并主动提供决策支持的。

举一个简单的例子，想象一下你和家人计划去某个地方度假，如佛罗

㊀ www. weforum. org/agenda/2016/01/the-fourth-industrial-revolution-what-itmeans-and-how-to-respond .

里达州的奥兰多。假设，你除了需要知道目的地是奥兰多外，还需要知道旅行日期、开销花费、旅行同伴以及旅行周期。一种开始进行旅行规划的方法是使用网络应用查找佛罗里达州奥兰多的酒店信息。

当你在搜索框中键入搜索内容时，如“查找佛罗里达州奥兰多的酒店”，搜索引擎（或 App）将返回各种酒店及其配套旅行服务的链接，这些链接是搜索引擎从多种维度（如费用）自动比较各家酒店后，筛选出的最能满足你需求的酒店列表。当你提供更多信息，如需要住宿的成人和儿童数量，后台运行的一个或多个匹配算法将开始为你呈现更加具体的酒店房间选项，也许还有其他服务，如汽车租赁。一旦你在线预订了酒店或购买了飞机票，并提供了电子邮件地址，接下来你可能会收到许多与奥兰多地区旅行相关的活动和游玩项目的电子邮件，如迪士尼世界之旅。

随着旅行时间越来越近，你可能会越来越频繁地收到关于奥兰多旅游景点或游玩项目的电子邮件、广告和弹出窗口等。理论上，这些提示和通知的目的在于帮助你计划旅行并顺利成行。不幸的是，这些提醒会让人感到不耐烦，即便你取消了旅行，这些信息也会持续不断地推送，从而产生不良副作用。例如，同样的技术可以帮助你计划旅行并让你度过一个愉快的假期，也可能会帮助某些房地产代理商挖掘你在浏览器上的交互信息或者其他交易信息。结果就是，房地产代理机构能够根据这些数据，向你的浏览器推送你在旅行时有可能会考虑购买的与房地产相关的电子邮件或者广告。令人讨厌的是，如果在网上可以找到你的电话号码，那么电子邮件推送很可能会变成电话销售。更加恐怖的是，你的在线旅行计划可能会让使用计算机的入室小偷了解到你的旅行日期，以便决定何时对你的房间行窃。最后，值得注意的是，法律允许公司之间分享这类信息，这就会导致尽管你可能不赞成，但你的旅行信息依然会公之于众。这就引出了个人信息的隐私保护和管理问题。

那么，我们如何构建能够提供便利但却不会引来困扰、不良信息或存在潜在危险的技术？即便身处家庭或办公室的安全网络环境，如果你继续进行相关的计算机网络交易，你的操作信息最终也会被大家知晓。现在很多人都拥有具备 GPS 定位功能的手机、汽车和笔记本计算机，所有这些工具都可以通过云端技术互联互通。如果你在旅途中随身携带手机，手机中的应用程序将根据定位自动向你推荐吃饭、住宿的地方或告知你加油站的位置。如果你不慎迷路或者遇到交通事故，定位功能可以使别人快速找到并帮助你。然而，GPS 追踪服务也会被某些组织利用来监控甚至分析你的行为活动。从长远来看，这种追踪系统的数据分析对人们构建机器学习或者其他算法，甚至对你个人都将有积极的作用，有些人甚至认为这种追踪技术将会导致奥威尔的“大哥”社会[一]。

技术往往是一把双刃剑：有好的一面也有不好的一面。电影和书籍通常会对不好的一面大肆宣传，有些人甚至推测科幻小说中出现的许多先进技术将成为现实。如果这些先进技术还使用了人工智能，那么有些人就会预测它们将会造成严重的社会破坏，并且引发一系列的伦理道德问题。许多 AI 研究人员正在努力探索这些潜在问题的解决方案。在埃里克·霍维茨（Eric Horvitz）和汤姆·迪特里奇（Tom Dietterich）的一篇文章中，作者描述了与 AI 技术应用相关的五类风险：软件漏洞、网络安全、“魔法师的学徒”（Sorcerer's Apprentice）（指仅在某一特定的情景下，AI 支持系统才可以理解一个人的意图）、共享的自主权和对社会经济的影响[二]。这些风险都将是本章讨论的关键主题。

㊀ Orwell, George, 1984, New American Library, 1950.

㊁ Dietterich, Thomas G. and Horvitz, Eric J., “Rise of Concerns about AI: Reflections and Directions”, Communications of the ACM, Vol. 58 No. 10, Pages 38 - 40, 2015.

面向个体的技术

当企业、学校或医院等组织需要新技术时，他们通常会遵循一个正规的采购流程，包括确定需求（从多个维度评估潜在的候选方案，包括成本、易操作性、与现有系统的兼容性以及计算基础设施）、评估供应商可靠性、测算维护成本等。作为一种最大化投资回报率的方式，大多数这类组织倾向于购买几年内不需要升级的计算机和计算系统。个体消费者可能会按照类似的但不太正规的流程和准则来采购大型计算机技术，然而当他们购买游戏、价格不高的计算机或尝试新的应用程序（包括运用 AI 技术的新 App）时，他们有可能会采用约束较少的方法。

在一个组织中，新的应用程序只有被 IT 部门审核通过，才会被考虑采纳用于主流环境。一个个体很可能没有 IT 部门。他们有可能会通过使用某款应用程序的朋友、在线评论或者网上评分来了解该应用程序，并利用这些信息源来决定是否应该购买这项技术。

那些新技术一出现就着迷、应用程序一上线就迫不及待地进行试用的人，被称为早期采用者（early adopters）。这些先行者一旦发现有好玩的应用就会立刻购买并试用，直到更新的应用出现。然而，并不是所有的早期采用者都能够负担得起一些新项目的使用费用。为了最大限度地减少花费，他们开始寻找那些被宣传为与正版应用类似的山寨版，或者功能不全、安全性能无法保障的免费版本作为替代品。因此，有时技术的扩散并不“合乎标准”。

有些开发者或为了收集反馈意见，或为了快速拓展市场销量，或为了融资进行宣传，或为了其他原因，有意在前期免费向用户提供技术。当他们根据收集的反馈建议充分改进其技术之后，便开始收取使用费用并推送广告，否则就要求用户变更他们的应用程序服务内容。部分热爱或者依赖此应用程序的忠实用户会支付费用以继续使用，另一些用户则将另寻免费替代品。

有些开发者通过提供免费技术服务来收集用户数据。一些消费者并没有意识到他们的数据使用情况正在被监控，他们键入的信息正在被收集和分析；或者就算他们知道，除非将他们的个人信息赤裸裸地公开或制作成在线广告，否则他们不会真正在乎。那么，引入和完善新技术的同时保证用户数据安全的最佳方式是什么呢?

技术，尤其是手机和计算机上的应用程序，通常是以人们口口相传的方式，令大家了解该应用程序的详细信息和获取地址。因此，一些应用程序被广泛应用，而另外一些则鲜有人知，甚至闻所未闻。此外，某些新技术的副作用之一是其消除了人们对老技术的需求。例如，由于手机价格合理，适用性越来越强，许多人便不再使用固定电话，甚至都很难找到公共电话亭了。事实上，像纽约这样的城市正在用 Wi-Fi 基站取代公共电话亭。

免费且覆盖范围广泛的 Wi-Fi 使得人们能够与朋友、同事、工作伙伴和其他社会团体保持沟通联系。由于免费 Wi-Fi 的使用增加了别人获取你个人信息的可能性，因此许多互联网供应商和技术专家正面临着帮助用户维护其数据隐私和安全的挑战。例如，如果你在公共 Wi-Fi 系统上进行银行交易，你的信息可能会被一些正在寻找使用创造性方法进行牟利而不需要担心法律问题的人们捕获。如果这听起来还有些牵强，那么现在已经有一些可被黑客们用来获取公共 Wi-Fi 区域信息的常用设备了[㊀]。尽管你可以通过更改你的行为活动或者停止使用公共 Wi-Fi 来访问银行网页，但是技术和隐私的标准规范（一旦被建立和执行）迫切需要被建立起来。

因此，就像现实生活中我们不可能创造出一个零犯罪率的世界一样，许多人认为，我们的在线生活（也可能是我们基于 AI 的支持系统）也需

㊀ Dunn, J., “Are public Wi-Fi hotspots a security risk? Security risks of using public Wi-Fi explained”, Computerworld UK, August 20, 2015, www.computerworlduk.com/security/are-public-wi-fi-hotspots-really-major-security-risk-3623447/.

要“街头智慧”以便“在恶劣的社区中保持安全”。由于新技术的发展使得互联网的接入量越来越大，一些个体也正在开发与上述相同的技术。

不幸的是，即便人们为了特定的网络交易购买过安全软件，并且尽量避免使用公共 Wi-Fi，然而当他们只是简单地点开一则来自朋友的消息时（该朋友或许没有传播病毒的主观恶意），他们也会被黑客攻击，或者遭到病毒入侵。当今生活中的一个主要部分就是，学会甄别在与他人面对面交流时什么是安全的，什么是不安全的，所以人们也必须学会甄别网络世界中的真正威胁及其应对方案。如果技术不断扩散并在某些敏感的场合下被使用，我们就需要在数据处理和计算的各个层面设置更多保障措施。开发安全保障措施的一个挑战是，在保护系统免受黑客攻击方面表现出巨大潜力的 AI 技术同样也会被试图攻破系统以提高其攻击能力的人们使用。为了让我们理解这些威胁，并制定出适当的策略来处理这些问题，个体需要更好地了解 AI 系统及其工作原理，但是好多人还没有着手进行该项工作（不像正在阅读本书的你）。

针对个体使用而开发的技术，像是轻型手持设备的普及，已经为人们的工作、社交和娱乐方式带来了很多变化。大多数这些设备可以利用互联网提供服务，当你不在家或者办公场所时，它们可以利用 Wi-Fi 服务，包括潜在无保护的公共服务。更多可用的互联网连接导致的后果就是，人们可以随时随地进行交易（只要联网便可）。我们也看到了一些与此相关的社会变化，研究人员也对此进行了一些研究。例如，麻省理工学院的雪莉·特克（Sherry Turkle），她的研究结果表明，由于现代计算机技术的应用，人们正变得更加孤独[㊀]。如果你在搭乘公交或在机场候机时环顾四周，很容易发现这是真的。你周围的大多数人都在使用手机进行通话或者打字聊天。我们现在更喜欢通过我们的通信设备相互交流而不是面对面的交流

㊀ www. ted. com/talks/sherry_turkle_alone_together.

方式了吗？或许正如皮尤中心最新的研究结果[一]所表明的那样，我们的设备会仅允许我们采用可能会增加我们社交联系的不同方式进行沟通交流吗？（在本书即将付梓印刷之际，许多观点仍然充满争议，例如，类似“Pokemon Go”的增强现实应用程序是否正在帮助人们建立更好的社交联系，因为团体社交比个人社交效果更好；或者起到的效果恰恰相反——因为人们在手机上花费的时间更多。同样的，随着社会试图理解这些新的现象，人们开始争议，游戏所带来的利益，包括它可以让人们走更多的路，是否会抵消其潜在的问题。）

随着更复杂的技术（如基于 AI 的计算支持工具）变得普及，个人可能会更容易失去对其私有数据的控制，因为 AI 技术为了更好地协助人类，需要更多地了解人类以及人类在公共环境中的所作所为，当然这也会引入类似于当前公共 Wi-Fi 使用所存在的固有问题。幸运的是，目前正在进行的大量研究和开发工作利用 AI 技术来提高网络的安全性，所以我们再次看到了该技术的两面性。

保卫个人信息

挑战：我们如何能使我们的电子交易更加隐秘和安全？最近出现了一些引人注目的争论，即执法机构在何时、以何种原因可以获取私人数据，或者为什么当医生出于治疗病人或防控流行病的目的而需要获取私人数据时，可以暂时搁置数据隐私性的要求？相应的规章制度应该是怎样的？

2016 年，苹果公司针对美国联邦调查局（FBI）的要求（帮助他们获取恐怖分子的电话数据）做出回应的文章占据了许多报纸的版面[二]。苹果

㊀ Hampton, K., Goulet, L. S., Her, E. J., and Rainie, L., “Social Isolation and New Technology”, www.pewinternet.org/2009/11/04/social-isolation-and-new-technology/.

㊁ Toor, A., “A dangerous precedent that threatens everyone’s civil liberties, read Tim Cook’s email to Apple employees about its fight against the FBI”, February 22, 2016, www.theverge.com/2016/2/22/11092028/apple-tim-cook-fbi-encryption-internal-memo.

公司表示，尽管它们经常在收到FBI的要求时开放人们的电子邮件记录，但如果每次一有要求就提供个人手机上的所有数据，将会导致公司业务乃至道德伦理方面的巨大风险。苹果公司表示，他们加密数据的目的是保护数据的隐私，如果他们研发一种可以撤销该操作的方法，就可能会造成一个安全隐患。虽然联邦调查局最终自己找到了获取手机数据的方式，但是该事件引发了许多关于如何保护个人数据的一般性问题和担忧。由于个性化的AI助手变得越来越流行，并逐渐被个人采用，急需我们对这些问题做出回答。人们需要真正意识到他们的私人数据是如何被泄露给政府、医生或其他对此感兴趣的组织的。

发生在2016年的另外一起事件同样引发了人们对保护未来个性化AI系统的关注。加利福尼亚州一家医院的患者资料被网络犯罪分子劫持了，他们表示，在拿到比特币赎金之前不会泄露病人资料。整个医院不得不恢复到纸质办公系统，并且数周之内都是在使用电话和传真机中度过的，该情形一直持续到医院支付了赎金。事实证明，这不是一起单一事件；过去几年中，网络犯罪分子越来越多地以这种方式勒索众多企业，执法机构开始担心这些威胁可能会对普通公民造成威胁。再者，一旦我们开始拥有个性化的AI助手，它会遭遇类似的攻击吗？个体的备用系统会是什么样子？如何减轻此类攻击？此外，随着医生对AI的依赖性越来越大，返回到过去的纸质办公方式将变得更具挑战性。

网络威胁有许多类型，现如今它们更多地瞄准了银行和医疗类的组织机构。这类威胁经常发生变化，而审查当前威胁的方法之一是对“网络安全漏洞统计”展开一次搜索。它可能会返回如图8-1所示的一些统计报告，以及一些能够帮助你和与你交互的组织更好地保护你的个人隐私的可视化和公开化工具。

图 8-1　“网络安全漏洞统计”2016 年 3 月的搜索结果

目前正在进行的几项工作正努力研发可用于克服隐私问题的技术。信息问责制（information accountability）[1]已经被证明在网络上是非常有用的，我们相信许多社会机器都将以此作为基础。为了理解问责系统在设计认知计算技术以及更宽泛的社会机器环境的过程中所起的作用，我们可以考虑 robots. txt 的简单示例，该文件用于控制网站上的爬虫访问（www. robotstxt. org）。这是一个简单的标准，它以特定的格式放置在服务器上的特定文件中，让一个“有礼貌”的爬虫可以避开不被允许爬取的页面。

随着 Web 的增长，爬虫变得越来越常见，包括那些为垃圾邮件制作者以及其他不良动机使用者爬取电子邮件地址的爬虫，robots. txt 机制能够通过与网络日志工具相结合来维持其效用，它提供一种机制可以追踪哪个爬

[1] Weitzner, D. J. , Abelson, H. , Berners-Lee, T. , Feigenbaum, J. , Hendler, J. , and Sussman, G. J. , “Information accountability”, Communications of the ACM, 51 (6), pp. 82-87, 2008.

虫到达了哪个页面。如果在某个请求不被抓取的页面上发现了爬虫，那它就会允许用户（通常是一个服务器管理员）采取措施，通常是拒绝该爬虫访问整个站点的IP地址。因此，robots.txt与站点日志的组合提供了一种简单的问责机制，用于奖励那些按章行事的爬虫，并且识别那些没有正确履责的爬虫。研究人员正在探索是否存在其他类型的“社会问责”机制，这些机制可为用户提供一种控制并管理数据隐私的手段（使用某些可能被用于提供隐私管理的AI技术）。

不幸的是，目前网络上的问责机制少之又少。即便存在，也通常被嵌入到某种特定的网络应用中，或者需要复杂的审计机制，这对于一般用户而言很难实现。例如，即便是在robots.txt这个例子中，大多数用户都不被允许查看能够判断自己的网页是否被适当访问的日志，也不被允许更改robots.txt文件（从而控制他们自身的页面访问）。未来急需更多的问责机制。例如，关于信息来源的信息（出处信息）潜在地提供了一种可被用于问责的机制，并且当被包含在基于规则推理的解释内容中时，可被用于筛选并检查推导出来的结果在收集和合并证据时并没有违反可接受的规则。另外，允许社会机器提供声明式策略的设计也需要加快研发，这些策略传达了社会和法律对于信息应用的期望，并提供了对那些违反上述策略的信息应用的识别方法。

最近，作为一种保护核心信息策略价值（如隐私权、信息的公平与可靠使用，以及版权保护）的方法，信息问责的研究工作朝着问责机制的技术可行性和社会效用性迈出了扎实的一步。这一功能已通过创建可以表达现实数据使用策略的计算机形式得到阐释，并使用基于策略规则的语言和推理器来解释策略并自动确定数据的特定用途是否与策略相容。然而，目前的工作还主要集中在小规模的原型系统上，该领域的工作还必须解决与尺度相关的问题。还有一些颇具挑战性的AI问题，包括对于这些系统行为进行更加深入的理解，评估问责系统的社会影响等，当然，也可以研发用来创建这类系统的开发工具并支持这些工具为个体所用。

AI技术与战争

无人机作战、机器人扫雷以及网络战争带来的恐惧，经常出现在新闻记者、科学家、军事人员、政府研究人员、学者和关注该领域的公民所撰写的新闻报道和其他出版物中。然而，为军队提供更加复杂的、用以支持战争的工具的趋势仍然存在，这是由两个原因造成的：一方面是国家的敌对分子或数量不断增长的恐怖分子所带来的巨大威胁；另一方面是军事或类似组织在和平年代解决类似飓风和地震等自然灾害造成的后勤保障问题中发挥的作用。此外，军事行动带来了会对人类造成过度危险的、具有挑战性的环境，并且引入了可能受益于自动化技术强大的功能和永不疲惫的特性而导致的问题复杂性。鉴于军事领域的高危险和高速度特性，尽管潜在的风险很大，但将AI技术部署于军事领域将成为极富前景的目标。

如果某项技术可以完成人类不想做或者会给人类带来巨大危险的工作，例如扫雷或执行某些救灾任务，人们就会倾向于接受该技术。有些人甚至质疑在我们无法安全地部署人员的情境下不使用基于AI技术和机器所带来的伦理问题，例如使用机器人穿过瓦砾去搜寻因建筑物坍塌所导致的受困者的情境[1]，或者使用自主无人机检测有毒气体的情境。另一方面，使用通过远程控制且可能遭遇牺牲的无人机（如图8-2所示）来执行监视或军事打击任务，通常被认为是危险、颇具威胁且不道德的。

---

[1] Massy-Beresford, Helen, "Robot rescuers to help save lives after disasters", Horizon, the EU Research and Innovation Magazine, March 19, 2014.

图 8-2　一架 Interspect UAS B 3.1 摄影测量平台无人机，它是新一代的军用监视无人机之一

其中的风险和收益需要周密地进行评估，而且当决定到底应该将无人机（特别是自主无人机）部署在何种环境以提供支持时，也需要进行各种权衡。例如，尽管无人机技术在实现军事目标方面可以最小化重要空中资产和机组人员的损失，但如果远程操作人员在操作全副武装的无人机飞往目标地的途中途经一个人口高度稠密的区域时，突然对飞机失去了控制，那么将会发生什么情况？如果自主无人机出现软件故障，对友军发动了进攻，会发生什么情况？如果平民开始使用商用无人机，但是这些商用无人机意外地跟军事任务发生了冲突，这又会发生什么情况？谁来为这一技术的使用及其带来的副作用负责？是无人机、无人机设计师、无人机制造商还是发射导弹的远程操作人员？这些只是目前有关无人机技术的实用性和伦理道德层面的相关文章[一]和争论中的几个议题而已。

机器人和无人机只是 AI 技术向处在军事环境下的人类提供支持的两个案例。AI 技术，包括机器学习、预测规划、图像分析和语音理解，已被成功地应用于军事情境下的数据分析和决策支持。这些技术往往抵消了

㊀ http://dronewars.net/2015/03/31/think-drones-technology-is-not-reallythe-problem-think-again/.

因传感器和其他数据采集技术的改进而带来的一些计算复杂度问题。分析海量、多维、异构数据类型所产生的复杂度可能会吓倒最好的人类分析师，特别是要在有限的时间内得到答案或做出行动决策的时候。然而，目前的趋势是让人类军事分析师和决策者与软件进行交互，而不是允许机器自主地分析并利用数据来产生可操作的结果。通过这种方式，人类操作员可以验证机器的分析结果，指导它并将其塑造成可在特定环境中使用的机器。人类操作员保留对于数据如何被使用以及行动如何受到影响的控制权。

虽然包括 AI 技术在内的计算机技术正在成为人类参与军事行动的必备因素，但这些技术也正在迅速地成为理想的目标。虽然对手可以在物理上摧毁计算设施，但通过网络攻击破坏软件和某些硬件的可能性正在上升。不幸的是，在战争环境中，网络攻击并不局限于政府和军事系统。对交通和通信系统等基础设施的毁灭和破坏，一直被对手视作一种可行性目标，因此我们社会对计算机技术的日益依赖将促使互联网基础设施成为潜在的被攻击目标。这意味着一旦互联网被攻击，所有使用互联网的人都将受到影响。有趣的是，即使很多人并没有意识到这一点，目前互联网正频繁地受到攻击，AI 则是用于检测入侵和预防实质性损害的有效技术手段之一。

另一方面，当下部署的 AI 技术多数都处于人类的掌控之中。随着网络战争速度的加快，军方正决心部署更多的自主无人系统以保卫那些人类反应不够敏捷的区域。风险在于，由于这些攻击的环境难以确定，当 AI 系统脱离熟悉的环境时（如第五章所述），它的缺陷可能会暴露其脆弱性。这些系统没有经过大量的测试和理解，许多人因此担心在这些领域使用 AI 所带来的后果，而其他人则担心如果我们不使用 AI 将会导致的网络漏洞。

对于战争的讨论与社会网络又有什么关系呢？首先，每个军事组织都是一个社会单元。当军事组织和民间组织团结起来共同弥补自然或军事因素造成的破坏时，就共同形成了一个特定的社会网络。他们倾向于利用传感器来收集数据，并通过包括互联网在内的通信网络对数据进行协作、共享和传播。同个人和其他组织（银行、医疗机构、商业机构）一样，军事决策者也需要良好的数据。如果他们的数据被人为失误、软件故障或网络攻击所破坏，那么决策和行动都将受到影响。假设被破坏的数据是物理坐标值，那么纬经度值的微小变化都会对军用飞机、无人机或者其他任意类型的需要使用精确位置信息执行操作任务的导航、规划或调度系统造成严重破坏。

数据损坏对包括人类在内的所有类型的计算系统而言都是非常真实的威胁。举一个例子，如果数据被破坏，人类如何能够快速准确地检测出来？AI 算法可以通过更快速地交叉关联、质疑数据的有效性以及延迟损坏数据的使用来帮助人类完成此项任务吗？或者，我们最终会遇到人与机器发生冲突，而此时既不能正确地检测到损坏的数据，也不能识别并解决延迟所带来的负面影响的境地吗？上述情况可能看起来有些牵强，但我们注意到，股票市场上近来发生的几起“闪击”被认为是由人与机器之间的这种不匹配所造成的[㊀]。

如果数据损坏这种情况发生在军事战场环境中，冲突将如何收场？在第六章提到的由于人为干预而推迟导弹发射的案例中我们了解到，俄罗斯操作员斯坦尼斯拉夫·彼得罗夫运用他丰富的个人经验来影响决策。人们担心，随着军事环境中引入了更多的自动化装备，人类操作员和分析师将可能不会再具备彼得罗夫所拥有的技能，因为他们可能永远不会建立该问

㊀ https://en.wikipedia.org/wiki/Flash_crash.

题空间的个人经验。再者，军事环境隐含的问题是（即便是对人类而言），在战场环境中权衡后果和命令也是很难的。对于 AI 系统，则会更难。

虽然这是一种真实的可能性，但还有一个很多对新技术表示恐惧的人们都没有提及的变量。越来越多的人从很小的时候就开始接触技术。技术被用于教育环境中，包括学前教育以及家庭环境。人们现在是伴随着技术一同长大的[㊀]，而且正因为他们使用着这些技术长大，所以他们对于新技术的恐惧要比年长者小得多。此外，他们对新技术的使用可能会对该技术的完善产生一定的影响；开发者倾向于借助用户的反馈来改进他们的技术。如果我们能够顺利度过充斥着复杂计算设备的青春期，那么也许我们和子孙后代们就可以利用人工智能的计算潜能以及永无止境的强大力量来提高而不是削弱特定类型的决策活动了，例如军事演习行动或者其他的重要场合。

科幻小说中的人工智能

越来越多地，我们正面临夹在以下两种情形之间的一个困难境地：一方面，人们认为 AI 是优越的、超前的，所以会小心谨慎的把事情交由 AI 系统来处理；或者成为勒德分子（代指强烈反对机械化或自动化的人），并完全拒绝 AI 的使用。随着更多基于 AI 的技术可被用于满足我们的需求，我们需要对这些议题逐步加以考虑。有些人认为我们可以通过将伦理编码为计算机可读的程序来解决当前遇到的困境；另一些人则认为，我们需要保持人类在决策环路之内而不是让 AI 系统成为最终的决策者。其中一些人的态度已经被我们才华横溢的科幻作家们在关于未来的描述中塑造并呈现了出来。

科幻作家经常会借鉴科学并超越科学从而编写出某个发生在未来的科

㊀ Growing up with Technology, http://online.purdue.edu/ldt/learning-designtechnology/resources/growing-up-with-technology, 2016.

幻故事。一些文学作品描述了未来的技术如何改善人们的生活，另一些作品则描述了技术黑暗的一面。虽然故事是虚构的，但是阅读它的人们却可以从中汲取如何构建新技术或增强现有技术的灵感。想一想艾萨克·阿西莫夫（Isaac Asimov）的机器人三原则：机器人不得伤害人类，或看到人类受到伤害时袖手旁观；机器人必须服从人类的命令，除非这条命令与第一条相违背；机器人必须保护自己，除非这种保护与以上两条相违背[㊀]。由于在我们的日常生活中已经存在了许多不同类型的机器人，一些技术专家和标准委员会已经开始参考阿西莫夫的机器人三原则，来决定是否以及如何应用三原则来控制机器人不断扩张的应用领域。

人工智能也是许多科幻作品中的常见主题。在一些故事中，AI 技术在初始时对人类非常有用。而一旦它开始能够自主决策，并且部分决策与人类的期望截然相反的话，就像根据亚瑟·克拉克（Arthur C. Clark）的同名小说改编的在 1968 年上映的科幻电影《2001：太空漫游》（2001 Space Odyssey）中拥有主观感知能力的计算机 Hal 那样（图 8－3），那么 AI 就会被认为是堕落了并且将会超出人类的控制。

图 8－3　Hal 在电影《2001：太空漫游》中与 Dave 进行互动（授权使用）

㊀ Asimov, Isaac, "Runaround", published in Astounding Science Fiction, March, 1942.

在某些作品中，AI 可以增强人类，让人类拥有更为强大的感知和推理能力。正如迈克尔·克里顿（Michael Crichton）在《终端人》（The Terminal Man，1972）一书中所描绘的那样。然而，一旦准备就绪，某些科幻作品就会描述人类是如何能够以不道德的方式使用 AI 技术的。例如，在电影《终端人》中，一位专门从事人工智能研究的计算机科学家遭遇了车祸，成了精神运动性癫痫患者。治疗方案是在他的头部植入电极以阻止癫痫发作（此装置类似于今天的神经刺激植入装置，在书中被称为脑起搏器）。术后仍有遗留问题，患者被认为是精神病，而且他认为机器是邪恶的，并将最终征服世界。在书中，当另一个角色企图通过植入电极来诱发快感时引发了人们对道德和伦理问题的思考，这表明技术如何能够以不当的方式被应用。

有些作品中描述的 AI 能为人类带来好处，例如当人类的肉体死亡之后，AI 能保持一个人的思维长存，从而为他们的亲人带来慰藉；或者提供一种永生的方法。这在罗伯特·索耶（Robert Sawyer）的许多著作中都有体现，例如《回滚》（Rollback，2007），就是一个典型代表。在《回滚》中，一名 60 岁的科学家经历了一段称之为回滚的特殊过程，将他的身体复原到了更年轻的状态。然而，当这段过程在他 80 岁的妻子身上进行尝试时，却失败了。这两个角色均引发了各种有关情感和道德伦理的议题。

在一本由尼尔·史蒂芬森（Neal Stephenson）撰写的名为《钻石时代》（Diamond Age，1995）的书中，一个小女孩获得了一本可以与之进行交流的特别的书（不过该书是被盗的副本），而且这本书还可以不断学习你、了解你。这本书能够建议读者过一种更加有趣的生活，并教会他们生存和发展所需了解的技能；但是它仅供少数享有特权的人使用。本书还讨论了很多文化和社会相关的问题，因为小女孩本不应该拥有这本书，但是由于她获得了这本书，她就可以跨越一些文化界限。请注意，有关这种交互式计算技术主题的书正在被撰写，用以支持个性化教育，但可能会引发它到底应该在全社会广泛使用还是仅限享有特权的少数人享用的争议。

在许多科幻作品的部分章节中，有些人在售卖技术，而另一些人则在质疑技术所引发的伦理问题。以电影《全面回忆》（Total Recall）为例，它改编自菲利普 K. 迪克（Philip K. Dick）的著名短篇小说《我们可以记住你的所有回忆》（We can remember it for you wholesale，2006），书中人们可以删除或添加特定的记忆片段。从这部电影中可以窥得，如果人类开始记住本应该被遗忘的记忆碎片，或者无法区分出哪些记忆是真实的，哪些记忆是人工合成的，就会引发很多问题。在这部电影中，记忆治疗是以一种娱乐的形式进行展现的。而在其他故事中，例如罗伯特·索耶的作品《人性分解》（Factoring Humanity，2004），则将记忆的改变或增强视作与整容手术相类似的过程。未来，这种对我们记忆能力的修改会被认为是一种化妆品还是一种娱乐方式呢？

由于痴呆症引发了许多社会问题，各种采用认知计算技术的记忆装置开始在增强患者记忆方面崭露头角。虚拟现实技术也开始推向市场，用于辅助治疗痴呆症患者，或者使无法行动的人利用虚拟现实技术形成新的记忆。电影《全面回忆》或书籍《人性分解》中呈现的记忆增强能力还要多久才能实现呢？

另外一个许多人担心会产生更多道德和伦理问题的层面是机器人是否会拥有那些被定义为属于人类的属性，如情感、意识、自由意志等。在菲利普 K. 迪克所著的《仿生人会梦见电子羊吗?》（Do androids dream of electric sheep，1968）一书及其改编电影《银翼杀手》（Blade Runner）中，调查人员穷追不舍并最终摧毁了具有类人特征的仿生人。某些仿生人表现出了广泛的情感，彼此之间建立了关系，甚至在某些情况下与人类也建立了关系。这部电影突出展示了将人与机器区分开来最终可能会变得多么困难。我们是否有可能研发出与我们建立深厚感情纽带的合成机器？我们的孩子会与人工合成的机器小伙伴成为最好的朋友吗？想想电影《机器管家》（Bicentennial Man）［改编自艾萨克·阿西莫夫和罗伯特·西伯格合著的《正电子人》

(The Positronic Man, 1993)］的主角。电影的主角是一个全心全意为家庭服务的机器仆人。许多家庭成员在机器仆人的照顾下长大，并与之建立了深厚的感情。机器人也对人类家庭产生了感情，并且不得不“忍受”家庭成员长大和死亡时所带来的悲痛。人与机器之间的这种关系会变成现实吗？

虽然我们没有一个可以预知未来的水晶球，但是有一种说法，“如果你能想到它，你就可以创造它。”科幻小说中提出的大胆想法通过科技手段成为现实的可能性有多大？那些对AI和类似技术表示担忧的技术专家和科学家们认为可能性很大，并且很多科幻小说中的想法将成为真正的科学。如果这些人的说法是正确的，那么我们应该如何做好准备？

在探讨这些问题时，我们是在观看众所周知的《机器人启示录》(robot apocalypse）吗？就像弗里茨·朗（Fritz Lang）在他执导的一部非常早期的科幻电影《大都会》（Metropolis，1927）中所展现的那样，人们努力工作以保持机器运转？或者是，正如我们所讨论的，存在一种人们与增强型人类（enhanced humans）以及复杂的计算机技术一道工作来解决问题的折中办法吗？正如电影《少数派报告》（Minority Report，改编自菲利普·迪克的同名小说，1956）所展示的那样。影片中人类先知（有时用不人道的方式）以及其他类型的分析和预测技术被用来帮助人们解决特定的问题，如刑事调查？请注意，《少数派报告》经常在讨论基于AI机器学习技术的大数据分析功能时被用作示例。

虽然科幻小说可以帮助我们思考未来的可能性，但我们仍需集中精力努力搭建通往未知未来的阶梯。即便是最好的预测算法也不能保证预测出未来的真正样子，它们只能展现一系列的可能性。人类拥有塑造自身未来的能力，他们可以利用机器作为辅助。

管理认知支持技术

如果基于AI的应用程序和技术被大众普遍接受，则需要更为有效的方式来管理这些技术并为用户提供保障措施。许多AI应用程序通过对用户进行学习来调整其服务。这种情况一般发生在各种在线交易中，包括那些AI

与其他系统共享用户数据的情景，正如策划旅行的例子所展示的那样。交易期间，一旦用户的信息被提供，就存在数据被不当使用的机会，尤其是在不同的语境之间。

物联网（IoT）为我们的家庭提供了一个彼此互联，通过互联网进行更新升级、人类远程进行控制，然后自主学习住在家里的人对居住环境有何偏好的机会。随着 IoT 逐渐被大众接受，为向人类提供个性化支持而研发的基于 AI 的认知计算技术将会利用人类家庭环境中的数据来更加深入地了解用户。其中一些信息可能会非常私密，这就对如何确保私密数据的隐私性提出了挑战。

我们已经看到养老院开始使用智能监控技术来监控老年人的一部分生活空间了。这项技术背后的理念是，如果检测到某些异常情况，例如，发现某个单元空间内的人员活动量减少了很长一段时间，系统就会向医护人员发送消息，告知医护人员该单元内的人跌倒了或者生病了，并且需要得到帮助。

除了使用标准监控设备如照相机等来监测环境外，目前还出现了一种将微处理器嵌入到日常的物品中，使物品之间可以直接进行信息交流的趋势。这种技术通常被称为普适计算（pervasive computing 或者 ubiquitous computing）。普适一词意味着“无处不在”。普适计算设备是完全连接且持续可用的。从事普适计算领域的研究者们的目标之一，就是创造能够连接到互联网的智能产品，并且其生成的数据可以被其他智能产品轻松使用[㊀]。

普适智能设备的潜在消费者是卫生机构，因为这些机构对于监控个人、团体、社会和全世界人口的健康状况非常感兴趣。无处不在的健康监测技

㊀ Carnegie Mellon University, CareMedia: Automated Video and Sensor Analysis for a Geriatric Care, NSF Cooperative agreement no IIS-0205219, annual progress report, 2004; http://internetofthingsagenda.techtarget.com/definition/pervasive-computing-ubiquitous-computing.

术的使用已经引发了严肃的道德考量。例如，CareMedia 项目是一个通过极为普遍的直接观察方法来收集用户在养老院或其他护理环境中的个体数据（面部和身体图像、声音等）的例子。该工具使用传感器来收集数据，使用机器学习算法检测构成正常行为的常规趋势，并识别个人或一组个体构成的群体偏离正常行为（生理以及社会层面的）的偏差。由于它可以做到这一点，因此似乎非常适用于协助护理人员检测个体的生理和情绪变化[一]（以个体先前的指标作为基准）。然而，使用这些数据会引发道德问题，这是因为它收集的个人数据，例如某人何时吃饭，与何人交往，或者何时表现出侵略性的行为等，一旦被用于医疗情境之外，或者被不法分子所利用，则会对个人造成负面影响。举个例子，如果护理机构中的一个人表现出侵略性行为，并且该行为超出了病症本应发作的情境限制，那么此人可能会被要求吃不必要的药物以控制行为的发作。

我们在本书前面的章节提到，机器在获取世界知识方面是存在局限性的。设备通过网络彼此互联，并通过与机器学习算法和认知计算技术相结合来从经验中进行学习，这就为基于 AI 的机器提供了足够的渠道，帮助其更快、更全面地获取世界知识。如果环境限定为医院、养老院或者家庭医疗保健设施，情况就更是如此了。一旦个人的隐私保护问题得到解决，这些感知和分析技术就可以通过提高医疗服务和生活质量来改善很多人（尤其是那些存在生理、社会和认知缺陷的人）的生活品质。

一些组织已在评估与这些辅助技术的使用相关的一些道德和隐私问题。阿尔茨海默氏症协会技术工作组[二]最近颁布了旨在帮助居家痴呆症患者的

㊀ Bharucha, A., J. et. al., Intelligent Assistive Technology Applications to Dementia Care: Current Capabilities, Limitations, and Future Challenges, American Journal Geriatric Psychiatry, 17 (2): 88 - 104, Feb 2009, www.ncbi.nlm.nih.gov/pmc/articles/PMC2768007/#R66.

㊁ www.alz.org/research/funding/alzheimers_research_partnerships.asp.

辅助诊疗技术指南。类似的，美国卫生和人类服务部也发表了一份名为《在居民长期护理机构中实施辅助技术的障碍》（Barriers to Implementing Technology in Residential Long-Term Care Settings）[⊖]的报告，旨在为研究人员提供指导和方法，从而促进这类技术成功且符合道德规范的应用。

拥抱新技术

拥抱新技术，特别是那些面向用户个体、拥有自主性，或者允许人类对其进行控制的新技术，总是充满了挑战。例如，考虑过去数百年来人类被允许从一个地方旅行到另一个地方所发生的变化。关于人口迁徙的早期记录表明，步行是过去人们旅行的主要方式。这甚至适用于远距离迁徙，这从古代亚洲贸易商开辟的旧贸易路线或者大规模的群体迁徙（如美国印第安人的季节性迁徙）中可见一斑。人们不仅徒步，肩上还扛着货物。直到马和其他动物被驯化后，这一情况才开始发生改变。马匹不仅被用来运输商品和辎重，还被用来运送人类。一旦将马与车厢或货车系在一起，它们的组合就能被用来运输更多的人或物资。这也是早期人类与非人类（马）协同工作的例子，在这个例子中一个或多个人放弃自己的控制权，将信任给予驾驶员（马车或货车司机）来对交通设备进行驾驶和操作。就像当今的人工智能技术一样，很多人很可能不愿意相信马和马车能作为他们的交通工具，特别是在远距离的旅行上。想一想马车商队的早期先驱者们以及他们所面临的一系列挑战，如崎岖的山路、疾病、劫匪和其他攻击等，就很容易理解了。

现在我们来思考一下铁路对人们生活所带来的影响。铁路旅行与马车出行相比，前者显然更快、更舒适而且更安全。火车能够得到使用的前提是需要提供铁路基础设施。虽然铁路路网的发展带来了很多工作，但也受到了一些人的抵制，这些人不希望火车铁轨占用他们的土地。但随着铁路运输得以

⊖ https://aspe.hhs.gov/basic-report/barriers-implementing-technologyresidential-long-term-care-settings.

应用，人类制定了一套规章制度来管理火车的使用方式、运行时间，以及与其他交通基础设施相交时应该如何应对。此外，随着火车变得越来越普及，人们停止了对于火车的移动方式以及火车可能存在的潜在威胁的思考。今天，人们在乘坐火车期间可同时进行社交、工作、阅读甚至睡觉。

虽然人们已经普遍接受火车是一种良好的交通运输方式，但在这种交通方式下人们只能到达那些铁轨覆盖到的地方。汽车为出行提供了更多的自由和选择，并因此向驾驶员提供了更多的自主权。由于驾驶员们逐渐习惯了自主驾驶，对汽车技术愈加信任且认可，因此，我们对于今天人们所享用的高速公路的需求便应运而生了。

现在我们开始引入自动驾驶汽车，它将提供火车能够提供给人们的一部分便利。自动驾驶汽车最终将能够沿着我们所建设的所有道路和高速公路运送我们，而无须我们控制车辆。这种便利允许我们在旅行途中思考其他事情或者从事其他任务。尽管这些车辆的早期版本仍然允许人类对车辆进行控制，但它的终极目标是把乘客从行驶过程中解放出来，并相信自动驾驶车辆会安全准时地将他们送达目的地（图8-4）。

图8-4　谷歌最新的自动驾驶车辆原型

（迈克尔·希克制作，CC BY-SA 4.0，https://commons.wikimedia.org/w/index.php?curid=44405988）

上文中交通运输方式演化与改善的例子是为了提醒读者，今天很多习以为常的交通工具早期都曾遭遇过许多人的抵制。它也是要作为AI技术曾经经历而且今后还要继续经历的发展演化过程的一个类比。尽管某些特定的AI技术已经得到了认可，例如那些向清除雷区或者进入灾区的机器人提供支持的AI技术，但其他AI技术却正在面临质疑和抵制。举个例子，虽然AI技术正准备向那些有认知缺陷的人提供帮助，并意图成为个性化决策支持系统的基础，但它也可能会暴露人类的隐私问题，甚至导致身份被盗用。正如刚刚所举的交通示例，我们希望改进的交通基础设施得以创建，同时随着基于AI的个性化助手、认知计算技术和自动驾驶汽车（可能还需要专门的基础设施，以便它们能有效运作）的应用越来越广泛、可靠并被普遍接受，相关的标准、规则、法规也将得以建立并完善。

拓展并维护认知计算技术

辅助技术和AI技术可向具有生理和认知障碍的人们提供多种丰富生活的方式，这些技术也可以为健康的个体提供各种拓展自己的方法。可穿戴技术、普适和认知计算技术可以用来增强我们的感知力和创造力，丰富我们的社交活动，并弥补我们的身体以及医疗局限性。当我们开始变得依赖AI时（如帮助我们改善记忆力衰退），诸如软件和硬件升级之类的变化将会如何影响我们？这是一个非常重要，但在很大程度上被忽视了的一个威胁，它真实存在且对未来非常重要。

让我们假设认知计算AI技术像今天的手机一样普适可用了，人们开始依靠（甚至依赖）AI辅助技术帮助他们思考并执行任务。如果一些用户患有认知障碍，那么一旦他们的技术发生故障或需要升级，谁来提供维护服务？技术似乎总在变化，很难相信不会发生此类情况。应用程序被推向市场后，某些会存活下来并不断推出新的版本，如文字处理工具；然而其他的一些应用程序则很快失宠。即便是那些投入大量的资金研发出来的复杂软件程序，像是一些用于支持军事和商业航空规划的 AI 调度软件，似乎也未能幸免。此外，硬件的更新通常需要软件的升级。毫无疑问，硬件将不断更新，这表明包括 AI 应用程序在内的软件也需要进行相应的升级，从而使其得以在新的硬件上运行。

想想电影、照片和音乐媒介在过去 50 年中发生的巨大改变。为何一个人就不能期望复杂计算技术也将发生同样的改变？2016 年生产的计算机不能移植或者读取 2000 年生产的计算机上运行的软件，这种现象并不稀奇！随着 AI 技术的引入和应用，硬件、软件、网络、基础设施以及社会等方方面面的改变是否会使计算技术发生改变，又将如何改变？

除了考虑要如何维护 AI 技术的问题外，诸如如何使用这些技术的标准的建立和维护等问题也需要解决。例如，如果我们开始使用 AI 设备来拓展我们的能力，那么是否需要制定出相应的准则来限定 AI 技术能够执行的任务界限（如预约一个度假），以及哪些任务需要得到人类批准方能执行（什么时候有孩子，与谁结婚）？是否应该采用一套不同的标准来调节 AI 助手的自主行为？谁应该负责制定和执行这些准则？

此外，是否存在允许人类与技术协商进行决策或者凌驾于技术决策之上的法规和选项？是否有办法验证人类用户是在身心健康的状态下将某些特定任务委派给 AI 助手的？是否总会存在一些需要人类参与其中的任务？有趣的是，即便是在技术投入使用的早期阶段，人们也会警惕性地持续对他们正在使用的技术所监测到的内容保持关注。举个例子，在一个用广告来推广智能且技术增强的宝宝可穿戴衣服的网站[㊀]上，有一个部分特别注明了“不要忘记自己的人类身份”，提醒浏览者应该密切关注自己的宝宝并与之互动。

AI 技术如何从现在可以提供的功能演化到未来可能会提供的功能？例

㊀ www. wearables. com/5-baby-monitors-wearable-infant-tech/.

如，今天的计算机技术面临的挑战之一就是人类行为会随着场合、情绪、情感以及任意特定时间下的感受而变化。虽然有一些活跃的研究正在关注这些问题，例如对情绪和情感的处理，但如果一个复杂的认知计算代理没有这些多维度人格特征知识的话，它如何能在我们需要时提供给我们所需要的类型的支持并以我们所信任的形式来展现呢？简单的监测并使用机器学习算法来了解我们与环境的交互似乎还不够。我们需要为人类用户或帮助人类用户的个体提供一种方法，使他们能够教会复杂的计算机助理来做我们希望它完成的工作。换句话说，我们如何处理经常对自己的孩子说“不要照做我做的事，做我说的事。”的那些父母面临的一个共同问题？显而易见，尽管通过观察来学习是了解世界上的各种事物以及在特定环境下应该采取何种行动的好方法。但实际上，它并不能知道你为什么采取这样的行动，或者你应该何时采取行动。例如，当我们处于压力下，或者可能正在经历一些社会问题甚至心理问题（如刚刚与自己的另一半分手）时，计算机该如何表现？计算机应该学习如何将某种程度的不信任作为情景的函数来理解我们所说的话以及/或者告诉它们要做的事吗？如果是这样的话，什么时候要这么做，应该如何做，谁来决定要不要这么做？

显然，还有其他的道德层面需要考虑。近年来，媒体上源源不断地发表人工智能系统（特别是机器人）即将在劳工市场上挑战人类的文章，而且声明管理和生产类工作是最受威胁的两大类工作。在美国，即便是奥巴马当局也敲响了一个警钟，警示大家在未来的几十年里许多人可能会被机器人和 AI 剥夺饭碗；并要求社会加大对教育及培训的投资力度，以确保不会发生几乎整整一代人将失去工作的悲惨结局。认知计算的到来更加剧了这一挑战，因为它增加了某些行当失业的风险，包括那些可能需要进行专门培训的行当职业（如法律助理、报税编制员等）。

然而，正如另一个例子所示，AI 还有很长的路要走。梅赛德斯-奔驰 S

级轿车定制选项的巨大变化似乎超出了机器人的能力范围，以至于公司别无选择，只能聘请一些人类工人为他们做这项工作。有人说，公司重新回归人力劳工的原因是机器人无法应对工厂编程环境下所有组合的所有可能性带来的复杂性——这远超出了现有技术的能力，甚至新的学习技术对此也无能为力；人类工人，至少在当下来说，仍是一个较好的选择。我们在第五章中讨论过，这类灵活性是人类推理技能的另外一个典型标志。（当然，一名人类员工和一组机器人的组合也比一组人类员工的岗位数要少，所以即便我们考虑AI/人类混合型团队，这一社会挑战依然存在。）

学习的局限性

在本书前面的内容，我们描述了数据挖掘和知识发现技术是如何需要特定领域知识才能保证其正常工作的，以及知识如何偏好某些结果。我们描述了为增强万维网所做的一些工作，解决了其中的多歧义问题。随着AI、社会计算以及我们在本书中所描述的许多新技术的融合成为现实，并且认知计算工具开发出了更多的自主发现知识之间相互关系的能力，一些公信力保障措施将需要被建立起来，以确保这些系统能为人类或大型社会组织所认为的合理行动产生解决方案或建议。

请思考如下示例。假设使用深度学习图像识别算法来理解图8－5所示的一些图像。假设像鸟、狗、人或者椅子之类的目标对象一旦被算法识别出来，那么它们就会被映射到一个或多个现有的规则集中，这些规则集将呈现出上述对象与其他对象之间的关系。再假设某些深度学习算法能够从开源网站数据或私人书信中发现一些确认某些对象之间存在特定关系的文本。假设它找到了以下句子：

- 某人遛她的狗。
- 鸟儿飞过窗外。
- 小女孩坐在椅子上，看到一只鸟飞过她的窗外。

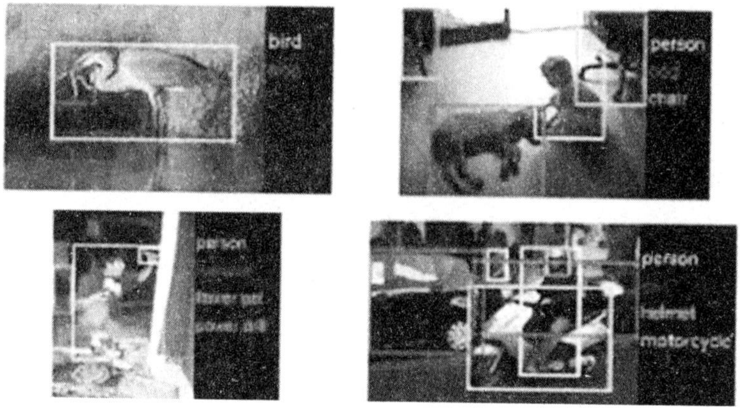

图 8-5　深度学习图像识别示例（授权使用）

假设深入地使用这些句子来学习以下内容：一只鸟会飞，一个女孩（是一个人）可以坐在椅子上并且可以遛狗。算法应该使用多大的样本量才能确认这些关系？谁来决定样本量应该有多大？谁来确定算法学到的内容是正确的？

现在想象一下，额外的知识可以通过文本挖掘、众包得到，或通过其他人提供得到。我们假设 AI 推理系统被要求回答图 8-6 中所列出的问题。

图 8-6　将关于对象的知识添加到一个知识库中（授权使用）

【图片下英文释义】

你可以坐在哪个实体上？什么最可能咬什么？哪个实体最有可能在未来的某一天成为一位律师？

对于“你可以坐在哪个实体上”的问题，可用来源的信息表明，椅子似乎是最合理的答案。对于“什么最可能咬什么”的问题，AI 系统可能会使用一些数据库快速排除椅子作为答案，并且它可以使用统计分析工具发现狗咬人的倾向要高于人咬狗。对于“哪个实体最有可能在未来的某一天成为一位律师”的问题，系统可以使用可用的数据源发现律师通常是人，而且它找不到任何狗或者椅子成为律师的案例。但是，如果 AI 被问及图8－7所示的问题，会发生什么？

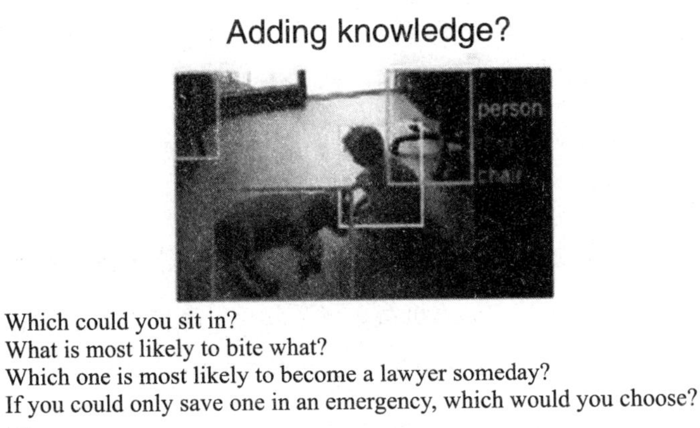

图 8－7　AI 会如何回答这个问题？

【图片下英文释义】

在紧急情况下，如果你只能救图中的一个实体，你会选择哪一个？

如果被问及“在紧急情况下，如果你只能救图中的一个实体，你会选择哪一个？”如果 AI 查阅过灾难救援相关的数据，它就会发现在紧急情况下动物和人通常会获得救助，因此，它会将答案范围缩小至狗或者人。但是，系统会使用什么其他准则来决定到底要救哪一个？它做出这个决定需要多长时间？如果它做出了错误的选择会发生什么？谁能确定答案是错误的，并且有没有一种能够指导 AI 做出不同回答的方法？如果使用众包机制并且多数人投票选择救狗，那么系统会因为其得分最高就做出救狗的回答吗？

这个例子对于未来认知推理系统可能需要回答的问题类型来说仅算是一个脑筋急转弯。这些议题是一些科学家预测的当机器能够获取更多的数据，拥有完全的自主权，与社会更加融为一体，并发展出适应和进化的能力后，人类在未来将会面临的挑战的示例。

群体的智慧或暴民的疯狂

在第七章中，我们讨论了“维基现实”（wikiality）的理念，并以斯蒂芬·科尔伯特发动“粉丝”来修改大象的维基百科网页资料的幽默案例进行说明。一个更为有趣的“大众集体犯错”的例子是微软的一款名为 Tay 的“聊天机器人”。Tay 部署于 2016 年 3 月，是一个基于 AI 学习的系统，它能够参与人们的交谈，并从对话中学习。它是基于早先一款部署在中国的名为小冰（XiaoIce）的聊天机器人开发的，小冰会讲故事并能与用户进行有趣的对话。但 Tay 在美国推特上的部署就没有这么顺利了。由于许多人发送不良信息，一天之内，Tay 就开始发布新纳粹主义的推文，否认纳粹大屠杀，并且发布带有严重性别歧视的言论。具体细节并没有被披露，但从推特上搜索得到的推文中可以发现，出现这种状况的一部分原因是一些用户知道了 Tay 的真实身份，试图故意制造麻烦；同时也有一些其他用户，纯粹是随波逐流。他们是一些似乎赞同正在出现的仇恨性言论或者享受他们所观察到的“挑拨”行为的用户。这种人们创造出来的在线“暴民”效应导致 Tay 学习的内容明显超出了社会话语的规范，并与微软发布

Tay 的初衷完全背离。一天之内，微软不得不中止了实验并发表声明道歉[一]。

不幸的是，Tay 的经历是万维网的开放性及其容许的社会交互引发的一个悖论。早期的愿景是，社会媒体所允许、社会机器所增强的信息产生过程的“民主化”，将使人们看到相对“官方”渠道来说偏见性更少的新闻报道。不幸的是，同质性（人们偏爱与自己相类似的人）趋势导致许多人会结交或追随他们愿意相信的人，并且不愿意结交与他们观点相左的人。因此，他们能在信息茧房中接收那些可以强化自身信念的信息，进而导致自身观点的硬化。搜索引擎经常试图通过对信息源进行混合来克服这些偏见，但是社交媒体允许人们自我选择从而助长了这些偏见。衡量这些所谓的社会过滤器茧房（social filter bubbles，指的是用户看到的信息都是被服务器后台的算法精心调整过的，各个网站如 Yahoo news、Google、Netflix、Amazon 等像茧房一样把用户和其他互联网的信息隔绝起来，从而让你沉浸在你偏好的信息世界里）的尝试仍在进行中[二]，其对社会的影响引发了经济学家、哲学家、社会学家和 AI 研究者间的广泛争论。艾力·帕雷瑟（Eli Parise）在他所著的《过滤器茧房》（The Filter Bubble）一书中警告道，茧房效应将对社会话语[三]产生越来越严重的负面影响，然而其他的研究则显示影响不大。

关于过滤器茧房的例子比比皆是，开源网站的另一个挑战是如何使同样的社会机器技术应用于社会公益，正如 Ushahidi 和 IPaidABribe（在第七

[一] http://blogs.microsoft.com/blog/2016/03/25/learning-tays-introduction/.

[二] Nikolov, D., Oliveira, D. F. M., Flammini, A., Menczer, F., “Measuring online social bubbles”, PeerJ Computer Science, 1: e38, https://doi.org/10.7717/peerj-cs.38.

[三] Pariser, Eli, The filter bubble: How the new personalized web is changing what we read and how we think, Penguin, 2011.

章讨论过）的使用，但社会机器也可被那些自身信念与标准社会规范不一致的人所利用。社会媒体也被极端组织和恐怖组织大量用于招募活动，而且创造出更为强大的社会机器的能力未来也一定会被这些组织所利用。另一方面，社会机器的开放性（在其面向最大数量的用户时效果最好），也会使得这些群体对其他人而言更加透明；同时它往往会引发政治或社会反响，使得这些组织更加难以运作。在极端情况下，这些反响也会导致政府的审查和镇压，约束了平衡这一极端主义所需的社会进程。

这种多少令人有些沮丧的情况会在我们日常的信息世界中显现出来，更多的社会机器和更强的 AI 系统既会带来很强的正面作用，也会带来潜在的负面影响。显然，在互联网、人工智能和社会机器出现之前，社会便是如此，但是这些特定的技术也具有扩大影响以及加速颠覆性变化的潜能。

这种技术的未来很难预测，因为人类网络的力量，在功能愈加强大的机器所组成的网络的支持下，正在变成一项重要的、将被越来越多地用于处理我们所处时代的重大问题（正如第七章所述）的技术。这也将是不断发展的线上世界面临的一项重大挑战，在线上世界中，社会价值观跨越了线上和线下活动之间的界限。我们如何决定在世界不同地区应对这些技术，可能会与当地的社会、政府和文化有关，而不仅限于技术本身。

第九章

结论：社会机器与崭新的未来

我们之所以写这本书，目的在于帮助读者了解那些正在推动我们的生活方式发生快速和潜在颠覆性变化的人为因素和关键计算机技术。正如我们所讨论的，计算机正在从台式机形式的被动信息提供者转变为我们社会领域的积极参与者。互联网和万维网的基础设施允许新型应用程序进行扩散，而我们与机器的社交互动则为它们提供了新信息，让它们能更多地了解我们和我们的世界。

人类在其中的作用不是为了提高机器的能力，而是通过越来越多的“智能”移动应用程序和设备所提供的新功能来解决问题、享受乐趣与生活。有些互动可能是被动的，例如那些帮助我们越来越适应我们的生活和需求的程序。有些可能是主动的，例如标记星系或提供医疗情况相关信息，以帮助其他患者更好地应对自己的情况。这些新功能给人们带来的好处是显而易见的。发送信息使我们可以与朋友快速交流，在线购物可以减少购物时间，通过使用一个类似 Tinder 的应用程序或其他在线约会网站进行约会并找到人生伴侣现在已经成为可能。远程办公可以帮助我们避开高峰时间，拥有“按需”调配的自主式汽车服务使得当需要安排一次旅行时，事情能够变得更简单、便捷，诸如此类。

这些应用和设备的核心程序似乎正变得越来越聪明。作为人机交互的一个副作用而产生的数据为程序提供了越来越强的挖掘数据以及在概念之间建立联系的能力。实质上，由于它们能够接触到我们生活中所有的交互数据，机器真正变得更加聪明了。当与启发式算法（例如在游戏中使用的那些算法）相结合，并融合上述交互中由人类产生的、从网络挖掘来的、或使用人类为彼此提供的由机器学习得到的、但总归都是机器可以从网上获得的信息（如维基百科的文章）时，人工智能程序变强了。

当我们步入未来，AI 很可能会在我们的生活、社会以及我们所处的环境中发挥更大的作用。物联网的发展趋势将逐渐能把家用恒温器、微波炉、洗衣机和烘干机等的现实物品连接起来。这些事物提供的额外数据将使 AI 算法能够进一步预测我们可能要做（特别是买）什么，反过来也将促进新功能的发展。

正如我们所力图展现的，结合学习与认知计算的新技术对数据的日渐使用，正在增强计算智能的能力。然而，也正如我们所讨论的，机器仍然严重受限于人为输入；在接下来的几年，随着机器向人类提供更多的信息，其与专业人士如医生的互动将变得越来越有效；但人类仍然能够使用他们的训练、经验和直觉做出更好的决策，尤其是当面对复杂情景的时候。

这项技术发展的速度同样令人不安。当我们开始写这本书的时候，我们讨论了为什么 AI 系统很难在围棋游戏中击败人类。当我们第一次改动时，我们不得不更新该章节，认为新技术正在使计算机达到人类水平成为可能。在样稿出版之前，我们再次进行了改写，来讨论 AlphaGo 击败了一位人类顶尖棋手的壮举。

同样，新型的社会机器将始终在线。举个例子，恰如我们正要推行的一款已经上线的新游戏，它似乎将对探索人类细胞蛋白有很大的影响。瑞典研究人员，使用一种目的性游戏的方法，创建了一个名为“探索计划”（Project Discovery）的在线众包游戏，旨在帮助探索人类细胞蛋白。在2016年的春天，他们做到了把该项目与一个非常受欢迎的商业化多人视频游戏“星战前夜”（Eve Online）（约有50万订阅者）进行整合。新运营的第一个月，星战前夜的玩家分类了大约800万种蛋白质元素[⊖]！

此类项目表明，我们可以继续创造并完善社会机器技术，这些技术能够越来越多地利用大规模网民在线互联的方式为现实世界的问题提供支持。在人类与越来越多的智能机器进行各种互动的帮助下，我们将有能力做到许多我们目前无法做到的事情。如果历史是我们的向导，那么这些日益强大的技术也将改变我们对待社会互动生成之信息的态度。例如，虽然像“PatientLikeMe”这样的健康网站允许人们寻找与自己有类似健康问题的人，但是医疗专业人员通常对基于这些网站的信息生成的结果持怀疑态度。至于为什么会这样，原因各有不同，但是，随着健康护理研究人员和技术专家们对AI技术的能力以及限制的了解，他们将更好地认识到如何使用这些信息，以及如何从社交媒体和机器学习中获益。这种信息已经导致健康护理数据的收集和分析方式发生了转变，它反过来又将改变健康护理的提供方式。在第二章中强调的未来技术问题“谁将会是你的下一位医生”已在世界各地的实验室中展开了探索，并且有些正朝着临床试验、新型药物研发的道路发展。

当我们看向这些技术走进我们的生活所带来的结果时，我们正处在新型AI技术有时看起来很像是魔法的一个点上。但是当我们遇到这些技术的局限性时，又往往会对AI的未来憧憬产生幻灭感。然而，随着新技术越来越多地将人和机器结合在一起，许多局限性能够被克服了。要做到这一点，

⊖ Hotz, R. L., “Videogamers Wanted: to Fight TB”, The Wall Street Journal, May 4, 2016.

至关重要的是我们不要把机器当作白痴（当我们看到它的局限性时），也不要把它们当作超级智能怪物（当它们再次向前发展时）。而是如我们始终讨论的那样，不低估人类在动态变化中的重要性是很关键的。AlphaGo 赢得比赛的部分原因即在于它学习了许多人类的玩法。沃森在“危险边缘”中能获胜要归功于所有在维基百科创建过文章的人和其他在线的信息源。“探索计划”（Project Discovery）正在取得医疗突破是因为许多人类玩家参与了这一医学上的追求。简而言之，对可预见的将来，人类与机器的交互将成为最强大的力量所在。换句话说，当 AI 赋予人类力量时，它将获得最大的能力。

我们意识到，自此之后的十年（至 2026 年）里，本书所描述的大部分“未来”技术或者将成为常态或者会变得过时。早期的社交网站如脸书和推特以及早期的基于语音的代理如 Siri 和 Cortana 将会得到改进，或者将会被更加个性化且更能利用日益增长的 AI 和网页技术的系统代替。对于类似自动驾驶车辆的某些智能技术，很容易想象它们将在不久的未来变得更加可用。事实上，自动驾驶车辆中一个更受控制的子设备（长途货车）正被提议投入使用，从而使得长途货车驾驶员可在这些智能车辆在州际高速公路上自动导航行进时进行休息。目前美国的出租车服务[㊀]正面临潜在的灭顶之灾，因为其他正在使用 GPS、互联网和基于 AI 的调度和收费技术的运输选项，如 Lyft 和 Uber，已能够支持人们使用移动 App 来预订一辆可用的车辆。并且自动驾驶的士一旦经过早期采纳者的试验、检测，并通过社交媒体向他们的朋友宣传该服务的利弊，可能很快就会找到自己的一个应用市场。

本书所描述的社会机器技术的发展和使用，毫无疑问将会对人类产生负面的影响。虽然某些目前的职业可能不复存在了，但是新的职业将被创

㊀ www. scientificamerican. com/article/self-driving-taxis-may-hit-the-roadwithin-a-year/.

造出来以跟上技术的进步、管理并维护新技术提供的服务的完整性。人有创造性，并且人类具有自适应性。正如历史所证明的那样，人们会想办法从变革中寻求获益，并且他们会开发创造性的方法来降低已知及可疑的风险与挑战。在有潜力协助人类大规模治疗如癌症的疾病或为全球流行病提供帮助的技术被广泛采用之前，人们会希望确定这些技术是可靠的。人类将会对基于 AI 的系统在追踪、建模和预测疾病上的表现进行评估，以了解“机器可以做什么”和“只有人类才可以做什么”之间的界限。

随着社会机器的发展，政策、标准和其他形式的管理方式将需要被确立（并定期更新），以维持人类和机器的整体性并保证新技术产品能达到特定的质量控制要求。制定这些标准所需要的技能，在当今只有很少人能够具备。一大群人能在研讨会和大会上看到对这些问题的讨论。基于 AI 的计算机需要能向这些会谈提供技术支持，帮助人们制定关于影响人类以及机器如何帮助人类的决策。为了充分地应对诸如癌症、气候变化、教育、社会改善等重大问题，人类网络与计算机网络的融合将是大势所趋。

正如我们讨论过的，新技术同时引出了许多我们刚要开始进行探索的问题。例如，如果人们可以使用 AI 来帮助他们思考并执行任务，那么谁来维护这些 AI？当人们遇到新问题时他们会喜欢增强事物，但机器会开始建议增强什么、决定什么是重要的，或者甚至与一个坚持做出某些改变的人类进行争论吗？机器如何判定人类建议的改变是否合理，特别是如果人类正遭受某些认知或情绪障碍的时候？未来几年，关于新型前沿技术之使用的决策将需要被制定，并且这些决策将对我们的生活产生重大影响。因此，认识到技术空间内在的权衡对于理解我们将要生活的世界来说非常重要。

综上所述，展望未来，我们认为最重要的不是高速超级计算机及其网络互连形成的赛博基础设施，而是当使用人工的智能机器进行增强时这些底层系统所能带来的更强大的人类交互。人类、人工智能和社交网络的碰撞，正引领我们进入一个激动人心但充满挑战的未来。三者合一，这些技术将通过开发下一代的网络技术并通过从“人在环内”向“人类在环内”转移，使我们进一步赋予网上的人们更大的能力。对于这种新挑战，我们必须带来的不仅是计算机科学中最好的工程技术和科学观点，而且要时刻保持对潜在挑战的敏锐意识。管理这些变革，将需要由理解技术的那些人对相关政策和限制条件做出智能的决策，而非基于科幻小说或哲学家提出的挑战。

回到本书的开端：我们生活在一个动荡的时代。它无疑是一个伟大的变革时代，充满希望，也有许多挑战。我们希望我们已经给了你一个出发点，让你可以拨开天花乱坠的炒作，更好地判断由那些并不比你懂得多的记者们所写的文章，并且更好地体会这项将日益成为我们所生活在其中的令人惊异的社会机器的一部分的 AI 技术。

致　谢

这本书代表了我们每个人这些年来与其他许多了不起的人的合作成果，他们是我们的良师、同事、学生、朋友等。要把每个人都列出来是不可能的，但我们每个人都有一些要特别感谢的人，他们或者直接支持了本书的写作工作，或者帮助我们获得了本书所需要整合到一起的知识。

吉姆（Jim）：我要感谢雪莉·安·杰克森（Shirley Ann Jackson）博士，她在2007年抓住了把我带进伦斯勒理工学院（RPI）的机会，让我自由地探索AI及其相关领域的许多新方向。通过伦斯勒理工学院的关系，我结识了IBM沃森团队的许多成员，这些人从事深度学习和认知计算的研究，尤其是约翰·凯利（John Kelly）博士，他著有《聪明的机器：IBM的沃森和认知计算时代》（Smart Machines：IBM's Watson and the Era of Cognitive Computing）（哥伦比亚商学院出版，2013年）一书。对于喜欢本书的读者，《聪明的机器：IBM的沃森和认知计算时代》会是一部非常精彩的姊妹篇。伦斯勒理工学院还允许我与几位杰出的同事，狄波拉·麦吉尼斯（Deborah McGuinness）、彼得·弗克斯（Peter Fox）等，一同创立了"无线世界研究星群"。最近，伦斯勒数据探索与应用研究所让我有幸与IBM的研发副总裁乔恩·多迪克（Jon Dordick）以及广泛研究计划研究所的其他负责人，包括卡里斯·卡罗瑟斯（Charis Carothers）、罗伯特·赫尔（Robert Hull）、苏辉（Hui Su）和迪帕克·瓦西仕（Deepak Vashishth）（以及所有的院长、部门领导、项目负责人、教职人员和工作人员）交流。我同时要感谢伦斯勒理工学院的许多工作人员，尤其是杰奎琳·卡莉

(Jacqualine Carley)、米歇尔·默里（Michele Murray)、梅利莎·安德森(Melissa Anderson）及塔尼娅·若坦恩（Tanya Rautine)，如果没有他们，我将会过度忙于文书工作而根本没时间来写完这本书。我还要感谢米歇尔·欧文斯（Michele Owens)，他给了我许多撰写非小说类书籍的中肯建议，以及安德鲁·赫吉尔（Andrew Hugill)，他解释了这一工作的超自然科学之意义所在。我在马里兰大学工作了20年，感谢那些在我获得学术晋升时给予我鼓励的同事们。

我还要感谢许多在我创作这本关于AI和社会机器一书时给予我灵感的同事们，他们是：古鲁·巴纳瓦尔（Guru Banavar)、蒂姆·伯纳斯－李爵士（Sir Tim Berners-Lee)、塞尔默·布林斯优德·努希尔·康绰科特(Selmer Bringsiord Noshir Contractor)、大卫·德鲁尔（David DeRoure)、埃德·费根鲍姆（Ed Feigenbaum)、琼·费根鲍姆（Joan Feigenbaum)、詹尼弗·高贝克（Jennifer Golbeck)、达姆·温迪·霍尔（Dame Wendy Hall)、苏巴拉奥·卡姆巴哈帕蒂（Subbarao Kambhampati)、乔恩·克莱因伯格(Jon Kleinberg)、贝丝·诺维克（Beth Noveck)、奈杰尔·夏伯特爵士（Sir Niger Shabolt)、埃琳娜·赛姆珀尔（Elena Simperl)、本·施奈德曼（Ben Shneiderman)、弗兰克·范·哈姆伦（Frank van Harmelen)、路易斯·冯·阿恩（Luis von Ahn)、丹尼尔·韦茨纳（Daniel Weitzner)，以及其他一些已经被我忘记了姓名的同事（在此致以深深的歉意)。

巴比伦法典中有这样一句智慧之言："我从我的老师那里学到很多，从我的同事那里学到更多，但从我的学生那里我学到的最多"。这完全正确，列出我需要提及的所有老师和同事将会用很多页面。书中并没有足够的空间来感谢所有我的学生，但我真的想不出有比这些年来与我紧密合作的更好的人了。为所有这些学生的研究寻求资助需要从许多机构和公司获得支持，此处要特别感谢IBM公司、洛克希德马丁公司、BBN公司、微软研究院、美国富士通实验室、爱思唯尔公司以及这些年来直接给予我资助的 MITRE 公司。

爱丽丝（Alice）：我要向陪我一同在 AI 的研究道路上前行的许多人致谢。首先，我要向位于马萨诸塞州贝德福德郡的 MITRE 公司中我曾经参与其中的 AI 小组成员致谢。我们在共同愉快地探索那个时代的新语言和新工具时从彼此身上学到很多。我特别要感谢史蒂夫·克里斯提（Steve Christey）不知疲倦地与我共同完成了多个系统的部署。然后，感谢我在 BBN 科技公司的同事们，特别是泰德·克拉尔（Ted Kral）和艾德·坎贝尔（Ed Campbell），他们指引并帮助我探索新的领域。尽管 BBN 科技公司许多与我共事的同事支持并影响了我的工作，但若没有戴夫·拉格（Dave Rager）、克林特·海德（Clint Hyde）、玛丽·肯尼迪（Mary Kennedy）和布雷特·贝尼奥（Brett Benyo）杰出的工程与编程能力，我的许多想法将永远无法成为现实。我要感谢许多 DARPA、NASA 和 AFRL 的项目经理对我的资助与信任。最后，我要感谢许多领域的专家，你们知道自己是谁，你们让我了解到你们的想法，帮助我充分了解你们的需求和计算风格，才使得我的团队能够创造出复杂且可用的 AI 系统。

作者共同致谢：我们要感谢一直以来支持我们工作的许多人。非常感谢戴维·布朗（David Brawn），介绍我们彼此认识，并提议我们共事；感谢史蒂夫·克罗斯（Steve Cross）、诺特·福勒（Nort Fowler）、唐·罗伯茨（Don Roberts）以及（D）Arpa 罗马实验室规划倡议的许多其他参与人员；还有我们在空军研究实验室的朋友，特别是瑞克·莫格（Rick Merzger），他与我们都合作过很多项目。同样感谢我们在陆军研究实验室、海军研究办公室、空军科学研究办公室、美国国家科学基金会、NASA、NGA、NSA、DARPA 以及 IARPA 的许多同事和资助者。

我们也非常感谢 Apress Media LLC 公司许多帮助我们准备手稿的人，特别是马克·巴沃尔斯（Mark Powers），以及我们的代理人卡罗尔·耶伦（Carole Jelen）。

最后，吉姆增加了对一个人的致谢：感谢与我一起长大的最好的朋友，杰克·普雷斯曼（Jack Pressman）。他因过早去世，而无法同我一道庆祝本书的完成。20 年前，我告诉他如果我能写完一本书，我要向我们的微积分老师，斯泰弗森特高中的 Kurt Ritterman 先生致谢，所以在这里也向他表示感谢。

关于作者

詹姆斯·亨德勒（James Hendler）是伦斯勒理工学院数据探索与应用研究所的所长，以及“无线世界研究星群”（Tetherless World Research Constellation）项目计算机、网络和认知科学领域的教授。他同时是英国公益机构——国际网络科学协会（Web Science Trust）的一名主管。亨德勒在语义网、人工智能、基于代理的计算和高性能处理等领域撰有书籍、技术论文和文章350余部（篇）。他是“语义网”的创始人之一，也是1995年富布莱特基金会奖金的获得者，是美国空军科学咨询委员会（US Air Force Science Advisory Board）的前成员，美国人工智能学会（American Association for Artificial Intelligence，AAAI）、英国计算机学会（British Computer Society，BCS）、电气与电子工程师学会（Institute of Electrical and Electronic Engineers，IEEE）和美国科学促进会（American Association for the Advancement of Science，AAAS）的院士（Fellow）。他还是美国国防高级研究计划局（Defense Advanced Research Projects Agency，DARPA）信息系统办公室的前首席科学家，并在2002年被授予美国空军特殊民事服务勋章。他是《科学》杂志审稿编委会第一位计算机领域的科学家。2010年，亨德勒被《花花公子》杂志评为美国20位最富创造性的教授之一，并被美国政府选为“互联网专家”（Internet Web Expert）。2012年，因其在大规模开放政府数据方面的杰出工作，亨德勒成为首届Strata会议“大数据”奖的获得者之一；他也是《大数据》（Big Data）杂志的专栏作家和副主编。2013年，他被任命为纽约州的开放数据顾问；2015年，被任命为美国国土安全部科学与技术咨询委员会（the US Homeland Security Science and Technology Advisory Committee）成员；2016 年，成为美国国家科学院数据与信息委员会（US National Academy Board on Research Data and Information）成员。

爱丽丝 M. 穆维西尔是一位研究人员，并且通过她的公司（Memory Based Research，LLC）提供咨询服务。她曾是雷神 BBN 科技公司的前首席科学家，在公司时主持了美国空军和 DARPA 多个高级决策支持系统的研发工作。在加入 BBN 之前，她在 MITRE 公司担任研究人员，擅长知识获取、知识表示、基于实例的推理和规划。在 MITRE 任职期间，她是探索将人工智能技术应用于规划和调度系统开发的早期团队成员之一。穆维西尔是 DARPA/罗马实验室规划倡议的参与者之一，并参与了为 DARPA、美国空军以及 NASA 定制的面向实际操作的 AI 系统的研发。在知识获取和表示、模型开发与调整、实例推理、语义网技术，以及使用这些技术支持物流、规划以及预测等方面，她自己撰写或与人合作撰写了大量的技术论文。她是 AAAI 的高级会员，也是 IEEE 和 ACM 的会员。她目前为先进信息系统技术的研究与开发提供咨询服务，并在匹兹堡大学护理学院有一个兼职职位，在该学院举办技术方面的客座讲座。穆维西尔在匹兹堡大学的信息科学系获得了她的博士学位。